Dr. Ravi Bachubhai Patel

Adulteração química no jaggery

AF514392

Dr. Ravi Bachubhai Patel

Adulteração química no jaggery

ScienciaScripts

Imprint
Any brand names and product names mentioned in this book are subject to trademark, brand or patent protection and are trademarks or registered trademarks of their respective holders. The use of brand names, product names, common names, trade names, product descriptions etc. even without a particular marking in this work is in no way to be construed to mean that such names may be regarded as unrestricted in respect of trademark and brand protection legislation and could thus be used by anyone.

Cover image: www.ingimage.com

This book is a translation from the original published under ISBN 978-620-7-65471-0.

Publisher:
Sciencia Scripts
is a trademark of
Dodo Books Indian Ocean Ltd. and OmniScriptum S.R.L publishing group

120 High Road, East Finchley, London, N2 9ED, United Kingdom
Str. Armeneasca 28/1, office 1, Chisinau MD-2012, Republic of Moldova, Europe
Printed at: see last page
ISBN: 978-620-7-78434-9

Adulteração química no jaggery

ÍNDICE

CAPÍTULO: 01

INTRODUÇÃO

INTRODUÇÃO

1.1 O que é a ciência forense com base na química?

A ciência forense é um domínio multidisciplinar que aplica princípios e métodos científicos à investigação e análise de provas em processos judiciais. O seu objetivo é descobrir factos, tirar conclusões e fornecer informações objectivas e fiáveis para apoiar o processo judicial.

Os cientistas forenses utilizam uma variedade de técnicas científicas para examinar provas físicas, tais como ADN, impressões digitais, sangue, cabelo e substâncias, para determinar a sua relevância para uma investigação criminal.

Este domínio engloba várias especialidades, incluindo a biologia forense, a química forense, a antropologia forense e a patologia forense.

A ciência forense desempenha um papel crucial nas investigações criminais, ajudando a identificar suspeitos, a estabelecer linhas cronológicas e a reconstruir acontecimentos. Contribui também para o sistema jurídico, fornecendo testemunhos de peritos em tribunal e ajudando na prossecução da justiça.

❖ Como utilizar a ciência forense na vida quotidiana?

A aplicação dos princípios da ciência forense na vida quotidiana implica a adoção de uma abordagem prática e informada para aumentar a segurança pessoal, tomar decisões bem informadas e contribuir para vários aspectos da segurança.

As pessoas podem utilizar técnicas forenses para a verificação de documentos, garantindo a autenticidade de documentos importantes, como contratos ou certificados oficiais.

Além disso, a compreensão dos princípios da contabilidade forense pode ajudar a detetar e prevenir fraudes financeiras, proporcionando um conjunto de competências valiosas para salvaguardar as finanças pessoais.

Na era digital, o conhecimento dos princípios forenses digitais é crucial para proteger a presença e os dados online de cada um. Além disso, a aprendizagem de medidas de segurança pessoal, como o reconhecimento de potenciais perigos ou a compreensão de padrões de salpicos de sangue, contribui para a segurança geral e a consciencialização em diferentes ambientes.

Embora não se realizem investigações em grande escala, a incorporação de conhecimentos básicos de ciência forense na vida quotidiana reforça as capacidades de pensamento crítico e promove uma compreensão mais ampla das aplicações práticas da ciência na resolução de situações do mundo real.

1.1.1 Qual é a importância dos alimentos?

A importância da alimentação vai muito para além do simples sustento; é um aspeto fundamental da vida humana com profundas implicações para a saúde, o bem-estar e a qualidade de vida em geral.

Eis os principais aspectos que realçam a importância da alimentação:

1. **Fornecimento de nutrientes:** Os alimentos servem como fonte primária de nutrientes essenciais, incluindo proteínas, hidratos de carbono, gorduras, vitaminas e minerais. Estes nutrientes são vitais para o bom funcionamento do organismo, apoiando o crescimento, a produção de energia e vários processos fisiológicos.
2. **Fonte de energia**: Os hidratos de carbono e as gorduras presentes nos alimentos fornecem a energia necessária para as actividades diárias, o metabolismo e as funções corporais em geral. A ingestão adequada de energia é essencial para manter uma saúde óptima e sustentar a vida.
3. **Crescimento e desenvolvimento:** Uma nutrição adequada é crucial durante os períodos de crescimento, como a infância, a adolescência e a gravidez. Os alimentos ricos em nutrientes apoiam o desenvolvimento de tecidos, órgãos e o crescimento físico geral.
4. **Apoio ao sistema imunitário**: Uma dieta bem equilibrada com vitaminas, minerais e antioxidantes é essencial para um sistema imunitário robusto. Os alimentos ricos em nutrientes ajudam o corpo a defender-se contra infecções e doenças.
5. **Prevenção de doenças:** Certos alimentos, particularmente os ricos em antioxidantes e fibras, contribuem para reduzir o risco de doenças crónicas como as doenças cardíacas, a diabetes e certos tipos de cancro.
6. **Função cognitiva:** Nutrientes como os ácidos gordos ómega 3, presentes no peixe e nas nozes, estão associados a uma melhor função cognitiva e à saúde do cérebro. Uma dieta equilibrada apoia o bem-estar mental e ajuda a prevenir o declínio cognitivo.
7. **Bem-estar emocional:** A alimentação está frequentemente ligada a aspectos culturais e sociais da vida, e as refeições partilhadas podem promover um sentido de comunidade e de ligação. Além disso, certos alimentos podem ter propriedades que melhoram o humor, influenciando o bem-estar emocional.
8. **Saúde digestiva:** A fibra alimentar, presente em frutas, legumes e cereais integrais, desempenha um papel crucial na manutenção da saúde digestiva, apoiando movimentos intestinais regulares e prevenindo a obstipação.
9. **Equilibrar as hormonas:** Uma nutrição adequada é essencial para manter o equilíbrio hormonal, influenciando vários processos fisiológicos, incluindo o metabolismo, a resposta ao stress e a saúde reprodutiva.
10. **Envelhecimento saudável:** Uma dieta nutritiva contribui para um envelhecimento saudável, apoiando a saúde dos ossos, preservando a massa muscular e reduzindo o risco de doenças relacionadas com a idade.

Compreender a importância de fazer escolhas alimentares informadas e equilibradas é vital para promover e manter a saúde ao longo da vida.

A adoção de uma dieta variada e rica em nutrientes, juntamente com hábitos de vida saudáveis, é fundamental para alcançar o bem-estar geral.

1.1.2 O que é a fraude alimentar: -

A fraude alimentar ocorre quando um fornecedor de alimentos engana intencionalmente o seu cliente sobre a qualidade e o conteúdo dos alimentos que está a comprar.

Embora a fraude alimentar seja frequentemente motivada pelo lucro, algumas formas de fraude alimentar podem também constituir uma ameaça direta à saúde dos clientes e consumidores.

A deteção de fraudes alimentares é um desafio porque os consumidores, por si só, não as conseguem detetar e os autores de fraudes alimentares são normalmente inovadores nas formas como evitam a deteção.

Na Ásia e no Pacífico, estima-se que o risco de fraude alimentar seja elevado, devido à elevada procura de alimentos de qualidade superior combinada com uma cadeia de abastecimento alimentar cada vez mais globalizada.

Este documento descreve os principais aspectos da fraude alimentar e discute um conjunto de medidas que as autoridades de segurança alimentar podem adotar para pôr termo ao problema persistente da fraude alimentar.

Entre estas, as intervenções legais combinadas com a utilização de ferramentas tecnológicas parecem ser instrumentos promissores para combater o fenómeno.

A adoção de uma definição de fraude alimentar a nível nacional poderá apoiar a identificação de acções específicas e de instrumentos que contribuam para o alinhamento das legislações e medidas nacionais com o Codex

As normas alimentares do Alimentarius apoiam as autoridades nacionais de segurança alimentar na resolução do problema.

Figura: - 1.1 Fraude alimentar

❖ Tipo de fraudes alimentares: -

A fraude alimentar refere-se ao engano ou à deturpação intencional de produtos alimentares para obter ganhos económicos.

Envolve actividades como a adulteração, a substituição, a contrafação ou a rotulagem incorrecta de produtos alimentares com o objetivo de aumentar os lucros ou enganar os consumidores.

A fraude alimentar pode ocorrer em qualquer fase da cadeia de abastecimento alimentar, desde a produção e transformação até à distribuição e venda a retalho.

Exemplos comuns de fraude alimentar incluem:

1. **Adulteração:** Adição de substâncias inferiores ou mais baratas a um produto alimentar para aumentar o seu volume ou peso. Por exemplo, diluir o azeite com óleos vegetais mais baratos ou adicionar água ao leite.

2. **Substituição:** Substituir um ingrediente por uma alternativa mais barata ou de menor qualidade sem a devida divulgação. Isto pode envolver a substituição de uma espécie de peixe mais cara por uma menos cara ou a utilização de especiarias contrafeitas.

3. **Rotulagem incorrecta:** Fornecer informações falsas nos rótulos dos alimentos relativamente aos ingredientes, origem ou métodos de produção. Por exemplo, rotular produtos cultivados convencionalmente como biológicos ou deturpar a origem geográfica de um produto.

4. **Contrafação:** Produção de imitações ou versões falsas de marcas ou produtos alimentares populares. Isto pode incluir a contrafação de bebidas alcoólicas, alimentos de luxo ou produtos embalados bem conhecidos.

5. **Adulteração economicamente motivada (EMA):** Alteração deliberada dos produtos alimentares para obter ganhos económicos, mesmo que não haja danos directos para a saúde. Isto pode envolver a adição de ingredientes não declarados para melhorar a aparência ou o sabor de um produto.

❖ Os danos causados pela fraude alimentar: -

A fraude alimentar refere-se ao engano intencional ou à substituição de produtos alimentares para obter ganhos económicos. Pode assumir várias formas, como a adulteração, a rotulagem incorrecta ou a contrafação de produtos alimentares.

Os danos causados pela fraude alimentar podem ter consequências significativas para a saúde pública, a estabilidade económica e a confiança dos consumidores.

Eis alguns dos principais danos associados à fraude alimentar:

1. **Riscos para a saúde dos consumidores:** Uma das preocupações mais significativas prende-se com os potenciais riscos para a saúde colocados por produtos alimentares fraudulentos.

   A substituição ou adulteração de géneros alimentícios pode introduzir substâncias nocivas, alergénios ou contaminantes, conduzindo a efeitos adversos para a saúde dos consumidores.

2. **Perda de confiança:** A fraude alimentar corrói a confiança dos consumidores na cadeia de abastecimento alimentar. Quando as pessoas descobrem que os alimentos que estão a comprar não são o que dizem ser, isso pode levar a uma perda de confiança em toda a indústria.

   Esta perda de confiança pode ser difícil de recuperar e pode afetar tanto as empresas individuais como a indústria alimentar em geral.

3. **Impacto económico:** A fraude alimentar pode ter consequências económicas graves para as empresas e os governos. Os produtores de géneros alimentícios legítimos podem sofrer perdas financeiras em resultado da concorrência desleal dos produtos fraudulentos.

   Os governos podem também incorrer em custos adicionais com esforços regulamentares e de investigação para combater e prevenir a fraude alimentar.

4. **Consequências legais:** O envolvimento em fraudes alimentares pode levar a consequências legais para os indivíduos e empresas envolvidos. As acções legais podem incluir multas, prisão e outras sanções.

Estas consequências jurídicas destinam-se a dissuadir actividades fraudulentas e a proteger a integridade da cadeia de abastecimento alimentar.

5. **Implicações para o comércio mundial:** A fraude alimentar pode afetar as relações comerciais internacionais. Os países podem impor regulamentações mais rigorosas e barreiras comerciais para proteger os seus consumidores de importações fraudulentas, levando a perturbações nas cadeias globais de abastecimento alimentar.

6. **Impacto na reputação:** As empresas envolvidas em fraudes alimentares podem sofrer graves danos na sua reputação. Quando a integridade de uma empresa é posta em causa, pode levar anos a reconstruir a confiança dos consumidores.

   Esta situação pode resultar numa perda de quota de mercado e numa diminuição da competitividade.

7. **Concorrência desleal:** Os produtores legítimos podem ter dificuldade em competir com produtos fraudulentos que são frequentemente vendidos a preços mais baixos.

   Este facto pode criar uma situação de desigualdade no mercado, colocando as empresas honestas em desvantagem.

   Para resolver estas questões, é crucial que os governos, os organismos reguladores e a indústria alimentar colaborem na implementação e aplicação de medidas para detetar, prevenir e punir eficazmente a fraude alimentar.

Isto inclui uma melhor rastreabilidade, protocolos de teste rigorosos e campanhas de sensibilização do público para educar os consumidores sobre os riscos da fraude alimentar.

❖ Como investigar a fraude alimentar?

A investigação da fraude alimentar implica uma abordagem sistemática e exaustiva para descobrir práticas enganosas na cadeia de abastecimento alimentar.

Segue-se um guia passo-a-passo sobre como conduzir uma investigação de fraude alimentar:

1. Definir os objectivos: -

- Definir claramente as metas e os objectivos da investigação.
- Isto pode incluir a identificação de actividades fraudulentas, a deteção da fonte de adulteração ou a verificação do cumprimento das normas regulamentares.

2. Criar uma equipa: -

- Reunir uma equipa multidisciplinar com conhecimentos especializados em áreas como a ciência alimentar, a gestão da cadeia de abastecimento, o controlo de qualidade, a análise forense e os assuntos jurídicos.

3. Preparação e planeamento:

- Desenvolver um plano de investigação pormenorizado que defina o âmbito, a metodologia e os recursos necessários.
- Estabelecer um calendário para a investigação.

4. Avaliação dos riscos:

- Identificar e avaliar os riscos potenciais associados ao produto alimentar específico ou à categoria sob investigação. Ter em conta factores como o valor de mercado, a complexidade da cadeia de abastecimento e o historial de incidentes.

5. Recolha de dados:

- Recolher informações sobre o produto alimentar, a sua cadeia de abastecimento e as partes interessadas relevantes.
- Recolher dados sobre fornecedores, distribuidores, fabricantes e retalhistas envolvidos na produção e distribuição do produto.

6. Revisão de documentos:

- Examinar os documentos relevantes, incluindo facturas, contratos, certificações e registos de controlo de qualidade.
- Verificar a exatidão dos materiais de rotulagem e embalagem.

7. Rastreabilidade:

- Estabelecer e acompanhar a rastreabilidade do produto ao longo da cadeia de abastecimento. Utilizar a tecnologia, como o código de barras ou a cadeia de blocos, para melhorar a rastreabilidade.

8. Entrevistas com as partes interessadas:

- Realizar entrevistas com os principais intervenientes na cadeia de abastecimento, incluindo fornecedores, fabricantes, distribuidores e retalhistas.
- Obter informações sobre os seus processos, medidas de controlo de qualidade e quaisquer suspeitas ou preocupações.

9. Testes e análises:

- Efetuar testes laboratoriais para verificar a autenticidade do produto alimentar.
- Analisar a composição, a qualidade e a segurança do produto para identificar eventuais discrepâncias em relação às normas estabelecidas.

❖ Tecnologias de deteção de fraudes alimentares: -

A deteção da fraude alimentar envolve a utilização de várias tecnologias e métodos para identificar potenciais adulterações, rotulagem incorrecta ou outras práticas enganosas na cadeia de abastecimento alimentar.

Eis algumas tecnologias comuns de deteção de fraudes alimentares: -

1. **Teste de ADN:**

- **Reação em cadeia da polimerase (PCR):** A PCR é uma técnica de biologia molecular utilizada para amplificar e analisar o ADN. Os testes de ADN podem ser aplicados para verificar a autenticidade dos produtos alimentares e identificar espécies ou variedades.

- **Sequenciação de nova geração (NGS):** A NGS permite a sequenciação de ADN de elevado rendimento, possibilitando uma análise mais abrangente do material genético dos produtos alimentares.

2. **Espectroscopia:**

- **Espectroscopia de infravermelhos próximos (NIR):** A espetroscopia NIR é utilizada para analisar a composição molecular dos produtos alimentares. Pode ser utilizada para testes rápidos e não destrutivos para detetar adulteração ou rotulagem incorrecta.

- **Espectroscopia de infravermelhos (IR):** A espetroscopia de infravermelhos analisa a interação da radiação infravermelha com os componentes dos alimentos, fornecendo informações sobre as estruturas moleculares e ajudando na identificação de substâncias.

3. **Espectrometria de massa:**

- **Cromatografia Líquida-Espectrometria de Massa (LC-MS):** LC-MS é uma técnica analítica poderosa que separa e identifica componentes numa amostra. Pode ser utilizada para detetar contaminantes, aditivos ou outras substâncias em produtos alimentares.

- **Cromatografia gasosa-Espectrometria de massa (GC-MS):** A GC-MS é outra técnica que combina a cromatografia gasosa e a espetrometria de massa para a análise de compostos voláteis nos alimentos.

4. **Espectrometria de massa de razão isotópica (IRMS):**

- A IRMS é utilizada para medir os rácios de isótopos estáveis numa amostra. Esta tecnologia pode ajudar a identificar a origem geográfica dos produtos alimentares e a detetar potenciais fraudes relacionadas com a origem ou autenticidade de determinados ingredientes.

5. **Tecnologia de cadeia de blocos:**

- A cadeia de blocos fornece um livro-razão descentralizado e transparente que regista todas as transacções na cadeia de fornecimento. Pode melhorar a rastreabilidade, tornando mais difícil que actividades fraudulentas passem despercebidas.

6. **Imunoensaios:**

- **Ensaio de imunoabsorção enzimática (ELISA):** O ELISA é uma técnica bioquímica que utiliza anticorpos para detetar a presença de proteínas específicas. Pode ser utilizada para identificar alergénios ou verificar a autenticidade de produtos alimentares.

7. **Tecnologia do nariz eletrónico (E-Nose):**

- A tecnologia E-Nose imita o sentido do olfato humano e pode ser utilizada para detetar alterações no aroma dos produtos alimentares. É particularmente útil para identificar deterioração ou adulteração.

A implementação de uma combinação destas tecnologias, juntamente com as boas práticas de fabrico, a transparência da cadeia de abastecimento e a conformidade regulamentar, pode contribuir para uma estratégia sólida de deteção e prevenção da fraude alimentar na indústria alimentar.

1.1.3. O que é um adulterante?

A adulteração de alimentos é normalmente definida como "a adição ou subtração de qualquer substância a um alimento ou a partir dele, de modo a que a composição natural e a qualidade da substância alimentar sejam afectadas". A adulteração é intencional, quer removendo substâncias dos alimentos, quer alterando conscientemente as propriedades naturais dos alimentos. A adulteração não intencional é geralmente atribuída à ignorância, ao descuido ou à falta de meios para manter a qualidade dos alimentos. Considera-se também a contaminação acidental durante o período de crescimento, colheita, armazenamento, transformação, transporte e distribuição dos géneros alimentícios.
"Adulterante", qualquer material que seja ou possa ser empregue para tornar os géneros alimentícios não seguros ou de qualidade inferior ou com uma marca incorrecta ou que contenha matérias estranhas.
Um género alimentício é declarado adulterado se

- É adicionada uma substância que a deprecia ou afecta negativamente.
- Substituição total ou parcial por substâncias mais baratas ou de qualidade inferior.
- Qualquer componente valioso ou necessário foi total ou parcialmente abstraído.
- É uma imitação.
- Se for corado ou tratado de outro modo para melhorar o seu aspeto ou se contiver qualquer substância adicionada prejudicial à saúde.
- Por qualquer razão, a sua qualidade é inferior à norma

Os alimentos adulterados são perigosos porque podem ser tóxicos e afetar a saúde e podem privar de nutrientes essenciais para um crescimento e desenvolvimento adequados.

1.1.4. Historial do adulterante: -

A adulteração de alimentos não é um fenómeno recente e tem uma longa história que remonta aos tempos antigos. Ao longo da história, várias civilizações e culturas enfrentaram desafios relacionados com a adulteração de produtos alimentares.

Segue-se um breve resumo da história da adulteração de alimentos:

1. **Tempos antigos**:
- Os registos históricos sugerem que, na Roma e na Grécia antigas, os comerciantes diluíam frequentemente o vinho com água para aumentar o seu volume e a sua rentabilidade.

2. **Idade Média**:
- Durante a Idade Média, houve casos em que os padeiros adicionavam giz ou outras substâncias à farinha para aumentar o seu peso.

3. Séculos **XVIII e XIX**:
- A Revolução Industrial trouxe mudanças significativas na produção e distribuição de alimentos. Com o crescimento da urbanização e da produção em massa, registou-se um aumento da adulteração de vários produtos alimentares, incluindo o leite, a cerveja e o pão.
- No século XIX, a questão ganhou atenção na Europa e na América do Norte, levando à implementação de alguns dos primeiros regulamentos de segurança alimentar

4. **Inglaterra vitoriana:**
- A era vitoriana em Inglaterra assistiu ao aparecimento de várias leis e regulamentos sobre segurança alimentar, como a Lei sobre a Adulteração de Alimentos e Bebidas, de 1860, que visava limitar a adulteração de produtos de consumo corrente.

5. **Século XX**:
- O século XX assistiu ao desenvolvimento de métodos mais sofisticados de deteção de adulterantes, graças aos progressos da química e da tecnologia analíticas.
- Os governos de todo o mundo criaram organismos reguladores para monitorizar e fazer cumprir as normas de segurança alimentar.

6. **Desafios contemporâneos:**
- No século XXI, a globalização, o aumento do comércio e as cadeias de abastecimento complexas introduziram novos desafios na monitorização e

prevenção da adulteração de alimentos. As autoridades e as organizações continuam a adaptar-se à evolução das ameaças à segurança alimentar.

1.1.5. Tipo de adulterante: -

A maioria dos adulterantes utilizados pelos comerciantes são substitutos baratos facilmente disponíveis.

Classificação dos adulterantes em função da sua finalidade

I. Adulterações intencionais: Areia, lascas de mármore, pedras, lama, outras sujidades, talco, giz

pó, água, óleo mineral e corantes nocivos.

II. Adulterações acidentais: Resíduos de pesticidas, excrementos de roedores, larvas nos géneros alimentícios.

III. Contaminantes metálicos: Arsénio de pesticidas, chumbo da água, efluentes de

indústrias químicas, estanho de latas.

Classificação secundária dos adulterantes com base nos efeitos: -

- **Substâncias venenosas ou deletérias:** Geralmente, se um alimento contiver uma substância venenosa ou deletéria que o possa tornar prejudicial à saúde, está adulterado. Se um alimento contiver uma substância venenosa em excesso de uma tolerância, limite regulamentar ou nível de ação, não é permitido misturá-lo com alimentos "limpos" para reduzir o nível de contaminação. A mistura deliberada de alimentos adulterados com alimentos de boa qualidade torna o produto final adulterado.

- **Sujidade e matérias estranhas:** A sujidade e as matérias irrelevantes incluem quaisquer substâncias desagradáveis nos alimentos, tais como matérias estranhas (por exemplo, vidro, metal, plástico, madeira, pedras, areia, pontas de cigarro, etc.), partes indesejáveis da matéria-prima vegetal (tais como caules, caroços em azeitonas sem caroço, pedaços de concha em ostras enlatadas) e sujidade (nomeadamente, bolor, podridão, partes de insectos e roedores, excrementos, decomposição).

- **Adulteração económica:** Um género alimentício é adulterado se omitir um constituinte valioso ou se substituir, no todo ou em parte, uma substância valiosa por outra (por exemplo, o azeite é diluído com óleo da árvore do chá); se ocultar danos ou inferioridade de qualquer forma (como fruta fresca com corante alimentar na sua superfície para ocultar defeitos); ou se lhe tiver sido adicionada ou embalada qualquer substância para aumentar o seu volume ou peso, reduzir a sua qualidade ou resistência ou fazer com que pareça maior ou de maior valor do que é (por exemplo, vieiras às quais foi adicionada água para as tornar mais pesadas).

- **Contaminação Microbiológica e Adulteração:** O facto de um alimento estar contaminado com agentes patogénicos (microrganismos nocivos como bactérias, vírus ou protozoários) torna-o adulterado. Geralmente, para os alimentos prontos a consumir, a presença de agentes patogénicos torna o alimento adulterado. Por exemplo, a presença de Salmonella em frutos ou legumes frescos ou em produtos de carne ou de aves de capoeira prontos a consumir tornará esses produtos adulterados.

❖ O que é a adulteração de alimentos?

Os alimentos consistem em substâncias orgânicas consumidas para satisfazer necessidades energéticas, de crescimento e nutricionais. A adulteração de alimentos refere-se ao processo intencional de comprometer a qualidade dos alimentos, constituindo uma forma de fraude alimentar motivada principalmente por razões financeiras.

Denominada adulteração economicamente motivada (EMA), esta prática enganosa conduz frequentemente a problemas de autenticidade em que aspectos como a marca, a origem, os ingredientes de fabrico e a composição são deturpados.

Os termos reconhecíveis neste contexto incluem a Denominação de Origem Protegida (DOP), a Indicação Geográfica Protegida (IGP), o Certificado de Especificidade (CSC) e as Especialidades Tradicionais Garantidas (ETG).

Os produtos alimentares adulterados representam sérios riscos para a saúde, contribuindo para várias doenças e comprometendo o sistema imunitário. A adulteração deliberada da qualidade dos alimentos para obter ganhos económicos sublinha a importância de medidas rigorosas para garantir a segurança e a autenticidade dos alimentos no interesse da saúde pública.

Numerosos incidentes de adulteração de alimentos foram relatados nos últimos tempos, conforme documentado em bases de dados como o Trello e os registos de fraude alimentar da Comissão Europeia. A operação OPSON XI, um esforço coordenado da Europol que envolveu 26 países entre dezembro de 2021 e maio de 2022, resultou na apreensão de quase 27 000 toneladas de alimentos contrafeitos e 15 milhões de litros de bebidas alcoólicas adulteradas.

Em outubro de 2022, a Autoridade de Segurança Alimentar e de Alimentos Halal do Paquistão confiscou 4 000 litros de mel falso adulterado com açúcares, produtos químicos e cera. Tragicamente, em dezembro de 2022, foram registadas mais de 12 mortes e mais de 15 casos de cegueira em Bihar, na Índia, relacionados com o consumo de álcool adulterado.

A Espanha emitiu um alerta em abril de 2022 sobre a produção de azeite falsificado e de azeite virgem extra adulterado com outros óleos vegetais. Surgiram preocupações semelhantes na Turquia, onde o sumagre moído foi encontrado adulterado com corantes não autorizados em agosto de 2022.

No mesmo mês, as autoridades belgas descobriram caril em pó adulterado proveniente dos Camarões, contendo Orange II.

Além disso, as autoridades do Paquistão apreenderam chá adulterado com corantes têxteis, serradura e outros enchimentos, enquanto na Índia, as autoridades intercetaram sementes de cominho misturadas com 30 toneladas de adulterantes em julho de 2022.

Entre janeiro e março de 2022, a FDA encontrou dez por cento de 144 amostras de mel importado adulteradas com edulcorantes não revelados.

Além disso, na Alemanha, em março de 2022, foram levantadas preocupações sobre salsichas e carne de aves de capoeira que alegadamente continham ingredientes não declarados de "carne separada mecanicamente".

Estes incidentes sublinham o desafio global da adulteração de alimentos, exigindo uma maior vigilância e medidas regulamentares para garantir a saúde e a segurança públicas.

Este artigo fornece uma visão abrangente das formas predominantes de adulteração de alimentos e fraude de origem. Para além disso, aborda brevemente os impactos na saúde associados a estas práticas de adulteração.

Foi realizada uma revisão sistemática da literatura entre 1995 e 2022, utilizando palavras-chave como "adulteração de alimentos", "adulteração com motivação económica", "fraude de origem", "rotulagem incorrecta" e "impacto da adulteração de alimentos na saúde".

Cerca de 400 artigos científicos e relatórios foram meticulosamente seleccionados, tendo 174 sido identificados como particularmente relevantes e submetidos a uma análise exaustiva.

Os incidentes recentes de adulteração de alimentos foram examinados através das bases de dados de fraude alimentar do Trello e da Comissão Europeia, bem como de artigos de jornais e revistas relevantes.

A informação compilada neste artigo tem como objetivo servir como um recurso valioso para investigadores, engenheiros alimentares, cientistas e decisores políticos, oferecendo ideias para combater a adulteração de alimentos e mitigar os riscos para a saúde associados.

❖ O que é a adulteração de alimentos na Índia?

A adulteração de alimentos continua a ser um problema significativo na sociedade indiana, que persiste apesar de várias intervenções e sanções.

De acordo com a Food Safety and Standards Authority of India (FSSAI), tem-se registado um aumento constante dos casos de adulteração de alimentos.

No período de 2018-19, o National Accreditation Board for Testing & Calibration Laboratories avaliou 1 06 459 amostras de alimentos, revelando 30 415 amostras não conformes. Entre estas, 3 900 foram classificadas como perigosas, 16 870 como inferiores e as restantes amostras enfrentaram problemas de rotulagem.

Os Estados de Uttar Pradesh, Jharkhand e Tamil Nadu registaram a percentagem mais elevada de amostras contaminadas (45), enquanto Damão e Diu registaram a percentagem mais baixa (2,7).

Na capital nacional, de um total de 2.461 amostras, 485 estavam contaminadas. Estes dados sublinham os actuais desafios e riscos associados à adulteração de alimentos na Índia.

1.1.5. Quando é que um alimento é considerado adulterado?

Sem dúvida, forneceu uma visão abrangente de algumas razões comuns pelas quais os alimentos podem ser considerados adulterados. Vamos analisar estes pontos:

1. **Presença de ingredientes ilegais ou não autorizados**:

- Isto pode envolver a adição de substâncias que não estão aprovadas para utilização em produtos alimentares, quer devido a preocupações de segurança, restrições regulamentares ou considerações éticas.
- Os exemplos incluem a utilização de aditivos alimentares, corantes ou conservantes não aprovados.

2. **Contaminação com agentes nocivos:**

- A contaminação pode ocorrer por vários meios, incluindo manuseamento, armazenamento ou processamento incorrectos.
- Os agentes nocivos podem incluir bactérias (como a Salmonella ou a E. coli), vírus, fungos, parasitas ou contaminantes químicos.

3. **Processamento ou armazenamento inseguro:**

- A segurança alimentar está intimamente ligada à forma como os alimentos são processados, armazenados e transportados.
- Se não forem seguidas práticas de higiene adequadas durante estas fases, pode haver contaminação ou deterioração, tornando os alimentos impróprios para consumo.

As autoridades reguladoras e as organizações de segurança alimentar aplicam normas rigorosas para prevenir e resolver estes problemas. Os consumidores são encorajados a estar conscientes das práticas de segurança alimentar, a verificar se os produtos são retirados do mercado e a comunicar quaisquer preocupações às autoridades competentes.

A adulteração de alimentos não só representa riscos para a saúde, como também pode minar a confiança dos consumidores na cadeia de abastecimento alimentar.

❖ <u>Exemplo de adulteração de alimentos</u>: -

A adulteração de alimentos pode assumir várias formas, e os exemplos podem variar consoante a região e os produtos alimentares específicos.

Eis alguns exemplos gerais:

1. Adulteração do leite:

- Adição de água ao leite para aumentar o volume.
- Misturar o leite com substâncias como a ureia, o amido ou o detergente para imitar um teor proteico mais elevado.

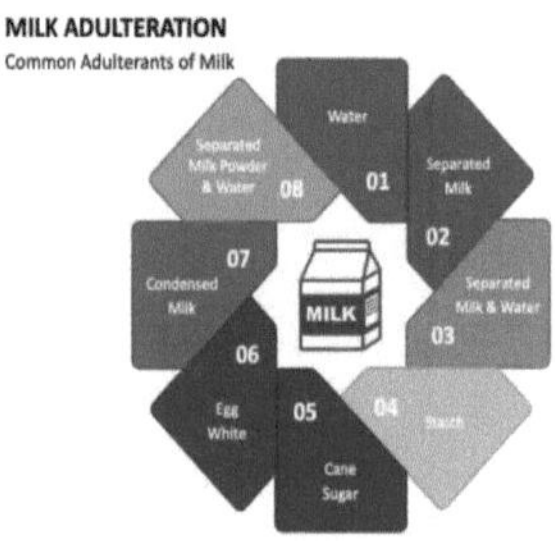

Figura 1.2 Adulteração do leite

2. Adulteração do azeite:

- Diluir o azeite puro com óleos mais baratos, como o óleo de girassol ou de canola.
- Adição de corantes artificiais para imitar a cor verde caraterística do azeite de qualidade.

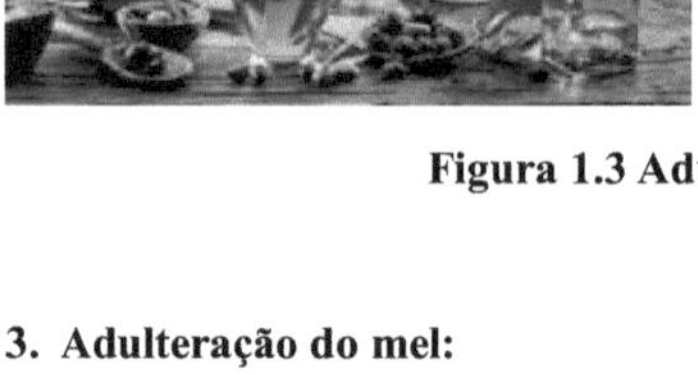

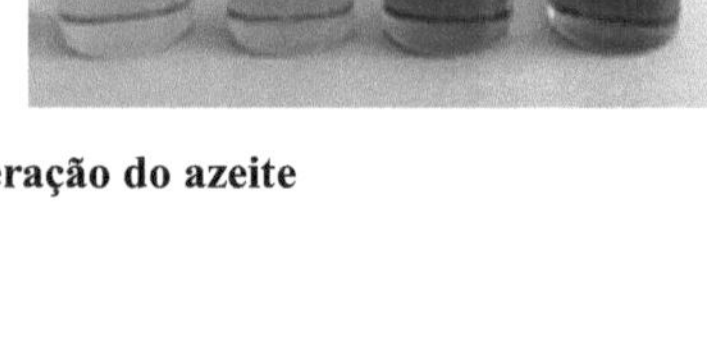

Figura 1.3 Adulteração do azeite

3. Adulteração do mel:

- Mistura de mel com xarope de açúcar ou xarope de milho para aumentar o volume.
- Diluição do mel com água para reduzir os custos de produção.

Figura 1.4 Adulteração de mel

4. **Adulteração de especiarias:**

- Adição de corantes ou outras substâncias às especiarias para melhorar o seu aspeto visual.
- Misturar especiarias com produtos de enchimento ou substitutos mais baratos.

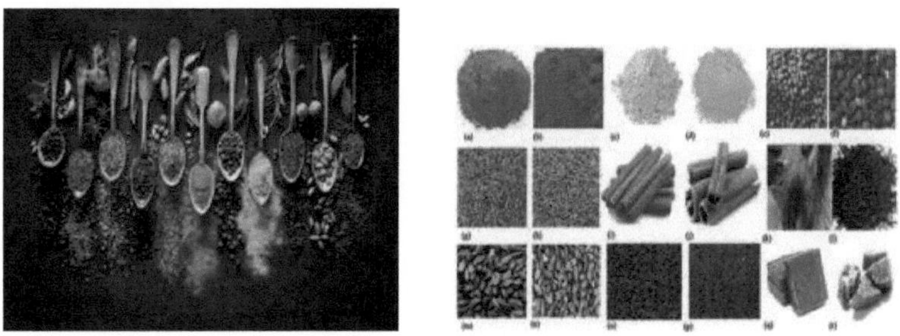

Figura 1.5 Adulteração de especiarias

5. **Adulteração do chá:**

- Mistura de folhas de chá de alta qualidade com folhas de qualidade inferior ou enchimentos.
- Adição de corantes artificiais para tornar o chá mais vibrante.

Figura 1.6 Adulteração de chá

6. Adulteração de peixe:

- Substituição de uma espécie de peixe mais barata por uma mais cara.
- Tratamento do peixe com produtos químicos ou aditivos para preservar a sua frescura ou disfarçar a sua deterioração.

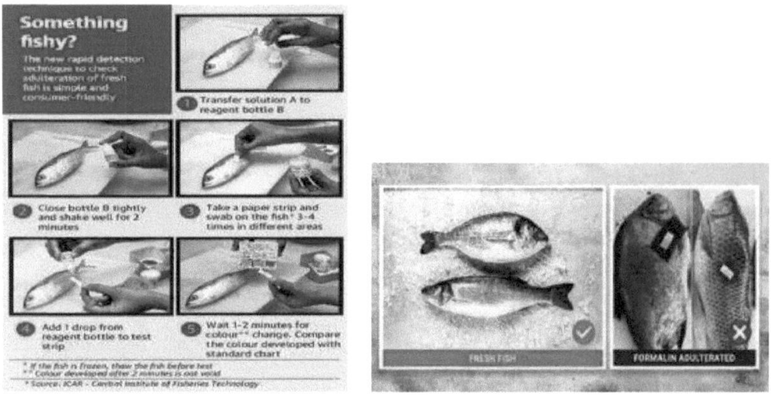

Figura 1.7 Adulteração de peixe

7. Adulteração de grãos:

- Mistura de grãos puros com enchimentos mais baratos ou grãos de qualidade inferior.
- Contaminação com substâncias como areia, pedras ou pesticidas.

Figura 1.8 Adulteração de grãos

Estes exemplos realçam as várias formas em que a adulteração de alimentos pode ocorrer, comprometendo a qualidade, a segurança e a autenticidade dos produtos alimentares.

Detetar e prevenir estas adulterações é crucial para a saúde pública e a proteção dos consumidores.

Figura 1.9 Todos os tipos de adulteração

1.1.6. <u>Tipos de adulteração de géneros alimentícios</u>

A adulteração de alimentos pode assumir várias formas, envolvendo a adição ou substituição de substâncias para enganar os consumidores ou reduzir os custos de produção.

Eis alguns tipos comuns de adulteração de alimentos:

1. **Adição de água ou diluição:**

- Adição de água a vários produtos alimentares, como leite, sumos de fruta ou condimentos, para aumentar o volume e reduzir o custo.

2. **Substituição ou substituição:**

- Substituir ou misturar ingredientes de qualidade superior por substitutos mais baratos ou inferiores. Por exemplo, utilizar óleos de baixa qualidade em vez de azeite puro.

3. **Utilização de corantes e aromas artificiais:**

- Adição de corantes ou aromas sintéticos para melhorar o aspeto ou o sabor de produtos alimentares, tais como especiarias, molhos ou bebidas.

4. **Adulteração com produtos químicos:**

- Incorporação de produtos químicos nocivos, pesticidas ou contaminantes nos alimentos durante a produção ou transformação.

5. **Rotulagem incorrecta ou embalagem falsa:**

- Fornecer informações incorrectas nos rótulos dos alimentos relativamente aos ingredientes, ao conteúdo nutricional ou à origem para induzir os consumidores em erro.

6. **Abuso de conservantes:**

- Utilização de quantidades excessivas de conservantes para prolongar o prazo de validade dos produtos alimentares, que podem exceder os níveis permitidos e representar riscos para a saúde.

7. **Contaminação com agentes patogénicos:**

- Permitir a presença de microrganismos nocivos, como bactérias, vírus ou fungos, devido a más práticas de higiene durante o processamento ou armazenamento.

8. **Adulteração de cereais e leguminosas:**

- Mistura de cereais ou leguminosas puros com produtos de enchimento mais baratos ou variedades de qualidade inferior.

9. **Deturpação da origem dos alimentos:**

- Alegar falsamente a origem geográfica de um produto alimentar para obter preços mais elevados, como a deturpação da origem de certos queijos ou vinhos.

10. Utilização de aditivos proibidos:

- Incorporação de aditivos que são proibidos devido a preocupações de saúde ou restrições regulamentares.

Detetar e prevenir a adulteração de alimentos é essencial para manter a qualidade, a segurança e a integridade da cadeia de abastecimento alimentar, e os organismos reguladores trabalham para aplicar normas e regulamentos para resolver estas questões.

❖ Método de adulteração de alimentos: -

A adição de adulterantes alimentares envolve vários métodos comuns, cada um deles colocando riscos para os consumidores e comprometendo a qualidade dos produtos alimentares:

1. Misturar objectos não desejados:

- Este método consiste na adição de substâncias nocivas, como produtos químicos, areia, seixos ou outros elementos indesejáveis, diretamente nos alimentos, o que representa um risco para a saúde.

2. Adicionar alimentos decompostos a alimentos saudáveis:

- A incorporação de alimentos decompostos ou estragados em produtos saudáveis serve para ocultar a verdadeira qualidade dos artigos, contribuindo para a adulteração geral do abastecimento alimentar.

3. Substituir produtos saudáveis por alternativas baratas:

- As práticas pouco escrupulosas envolvem a substituição de produtos nutritivos e de elevada qualidade por alternativas mais baratas, o que resulta numa diminuição do valor nutricional e em potenciais riscos para a saúde dos consumidores.

4. Informação enganosa:

- O fornecimento de informações inexactas ou enganosas sobre os produtos alimentares, incluindo datas de validade, datas de fabrico, ingredientes e outros pormenores essenciais, pode levar os consumidores a fazerem escolhas desinformadas, contribuindo para a questão mais vasta da adulteração de alimentos.

1.1.7. Efeito da adulteração de alimentos: -

A adulteração de alimentos pode ter efeitos graves e de grande alcance para a saúde. Algumas das consequências significativas incluem:

1. **Aumento da impureza e consumo não seguro:** A adulteração aumenta os níveis de impureza dos alimentos, tornando-os impróprios para consumo. Isto representa uma ameaça a longo prazo para a saúde, mesmo que o impacto possa não ser imediatamente visível.

2. **Falta de valor nutricional:** Os alimentos adulterados carecem frequentemente de nutrientes essenciais. O consumo destes alimentos compromete a ingestão de vitaminas vitais, minerais e outros elementos nutricionais necessários para a saúde em geral.

3. **Alteração do sabor e da qualidade:** Os alimentos adulterados podem ter um sabor e uma qualidade diferentes dos não adulterados. Isto não só afecta o prazer das refeições
mas também indica um potencial comprometimento do conteúdo nutricional.

4. **Riscos para a saúde e doenças:** A adulteração de alimentos tem sido associada a várias doenças crónicas, incluindo distúrbios hepáticos, diarreia, distúrbios gástricos, paratirismo, cancro, vómitos, disenteria, dores nas articulações, doenças cardíacas e intoxicação alimentar.
A adição de substâncias nocivas pode levar ao desenvolvimento de problemas de saúde graves.

5. **Comprometimento do sistema imunitário:** O consumo regular de alimentos adulterados pode enfraquecer o sistema imunitário, tornando os indivíduos mais susceptíveis a infecções e doenças.

6. **Riscos para a saúde reprodutiva:** Alguns estudos sugerem que certos produtos alimentares adulterados podem representar riscos para a saúde reprodutiva, conduzindo a problemas como o aborto e potenciais danos no desenvolvimento fetal.

7. **Consequências para a saúde a longo prazo:** O efeito cumulativo do consumo regular de alimentos adulterados pode resultar em consequências para a saúde a longo prazo. Isto inclui o desenvolvimento de doenças crónicas que podem manifestar-se mais tarde na vida.

8. **Impacto económico:** Para além das implicações para a saúde, a adulteração de alimentos pode também ter consequências económicas. Os indivíduos podem incorrer em custos adicionais de saúde devido a doenças relacionadas com o consumo de alimentos adulterados.

❖ Como se pode detetar a adulteração de alimentos?

Detetar a adulteração de alimentos pode ser um desafio, uma vez que os adulterantes são muitas vezes adicionados intencionalmente para enganar os consumidores. No entanto, existem vários métodos e técnicas que podem ser empregues para identificar a adulteração de alimentos. Eis algumas abordagens comuns:

1. **Inspeção física:**

- **Cor e textura:** Examinar a cor, a textura e o aspeto do produto alimentar. Qualquer anomalia ou incoerência pode indicar adulteração.
- **Tamanho das partículas:** Verificar a uniformidade do tamanho das partículas, uma vez que as variações podem sugerir a presença de substâncias estranhas.

2. **Análise química:**

- **Níveis de pH:** Medir o nível de pH do produto alimentar, uma vez que os adulterantes podem alterar a acidez ou a alcalinidade.
- **Testes químicos:** Utilizar reagentes químicos específicos para testar a presença de adulterantes comuns. Por exemplo, utilizar iodo para detetar amido no leite.
- **Titulação:** Efetuar a titulação para determinar a concentração de componentes específicos nos alimentos, como a acidez ou o teor de gordura.

3. **Exame microscópico:**

- **Microscopia:** Examinar o produto alimentar ao microscópio para identificar partículas estranhas ou contaminantes.

4. **Avaliação sensorial:**

- **Cheiro e sabor**: Confie nos seus sentidos para detetar quaisquer cheiros e sabores invulgares ou desagradáveis que possam indicar adulteração.

5. **Testes de ADN:**

- **Código de barras de ADN:** Utilizar testes de ADN para identificar as espécies de plantas ou animais presentes no produto alimentar, ajudando a detetar qualquer substituição ou contaminação.

6. **Técnicas moleculares:**

- **PCR (Reação em cadeia da polimerase):** Utilizar a PCR para detetar sequências de ADN específicas associadas a adulterantes.

7. **Cromatografia:**

- **Cromatografia Gasosa (GC) e Cromatografia Líquida de Alta Eficiência (HPLC):** Estas técnicas podem separar e identificar componentes individuais numa amostra de alimentos.

8. **Imunoensaios:**

- **Ensaio de Imunoabsorção Enzimática (ELISA):** Utiliza anticorpos específicos para detetar e quantificar a presença de determinadas substâncias nos alimentos.

9. **Espectroscopia de RMN (Ressonância Magnética Nuclear):**

- **Análise por RMN:** Esta técnica pode fornecer informações sobre a composição química de uma amostra.

10. **Aplicações para smartphones:**

- Algumas aplicações foram concebidas para detetar a adulteração de alimentos através da análise de vários parâmetros, como a cor, o pH e a condutividade.

É importante notar que a escolha do método depende do tipo de produto alimentar e dos adulterantes suspeitos.

Em muitos casos, uma combinação destas técnicas pode ser mais eficaz para assegurar a deteção exacta da adulteração de alimentos.

Além disso, procurar a assistência de laboratórios de análise de alimentos e de autoridades reguladoras pode aumentar ainda mais a fiabilidade do resultado.

❖ Como evitar a adulteração de alimentos: -?

A prevenção da adulteração de alimentos envolve uma combinação de medidas regulamentares, sensibilização dos consumidores e práticas da indústria. Seguem-se algumas estratégias para prevenir a adulteração de alimentos:

1. **Regulamentação e aplicação rigorosas:**

- Os governos devem adotar e aplicar regulamentos rigorosos em matéria de segurança alimentar. As inspecções regulares e as sanções em caso de infração são essenciais para impedir a adulteração.

- Estabelecer laboratórios de ensaio para analisar amostras de géneros alimentícios para deteção de adulterantes e contaminantes.

2. **Rotulagem transparente:**

- Exigir uma rotulagem clara e exacta dos produtos alimentares, incluindo informações sobre os ingredientes, o conteúdo nutricional e a origem.
- Implementar sistemas de rastreabilidade para seguir a cadeia de abastecimento de produtos alimentares, facilitando a identificação e a resolução de adulterações.

3. **Educação do consumidor:**

- Educar os consumidores sobre os riscos de adulteração de alimentos e sobre como identificar sinais de comprometimento da qualidade dos alimentos.

- Incentivar os consumidores a comprar a fontes reputadas e fiáveis.

4. **Proteção dos autores de denúncias:**

- Estabelecer mecanismos de proteção dos denunciantes que comunicam casos de adulteração de alimentos. Isto pode encorajar as pessoas do sector a fornecerem informações.

5. **Controlo de qualidade na produção:**

- Aplicar medidas de controlo de qualidade nos processos de produção alimentar para garantir que as matérias-primas e os ingredientes cumprem as normas especificadas.
- Formar e educar os produtores e fabricantes de géneros alimentícios sobre as melhores práticas para evitar a adulteração.

6. **Controlo de qualidade na produção:**

- Aplicar medidas de controlo de qualidade nos processos de produção alimentar para garantir que as matérias-primas e os ingredientes cumprem as normas especificadas.
- Formar e educar os produtores e fabricantes de géneros alimentícios sobre as melhores práticas para evitar a adulteração.

7. **Colaboração com a indústria:**

- Fomentar a colaboração entre os organismos reguladores e a indústria alimentar para estabelecer e manter normas elevadas de segurança alimentar.
- Incentivar a autorregulação no sector para promover práticas empresariais responsáveis.

8. **Integração de tecnologias:**

- Explorar a utilização de tecnologias, como a cadeia de blocos e o rastreio digital, para aumentar a transparência e a rastreabilidade na cadeia de abastecimento alimentar.
- Aplicar tecnologias de ensaio avançadas para uma deteção mais rápida e mais exacta dos adulterantes.

9. **Campanhas de sensibilização do público:**

- Realizar campanhas de sensibilização do público para informar os consumidores sobre os seus direitos e responsabilidades em matéria de segurança alimentar.
- Incentivar uma cultura de exigência de produtos alimentares seguros e de qualidade.

10. **Cooperação internacional:**

- Colaborar com organizações internacionais e países vizinhos para partilhar informações e melhores práticas no combate à adulteração de alimentos.

- Adotar normas internacionais para garantir a segurança dos produtos alimentares importados e exportados.

A prevenção da adulteração de alimentos exige uma abordagem multifacetada que envolva os organismos reguladores, as partes interessadas da indústria e os consumidores.

O controlo regular, a aplicação rigorosa e a melhoria contínua das normas são elementos cruciais para garantir a segurança e a integridade da cadeia de abastecimento alimentar.

1.1.8. Quem é responsável pela adulteração de alimentos?

A responsabilidade pela adulteração de géneros alimentícios pode ser distribuída por vários intervenientes na cadeia de abastecimento alimentar. A identificação das partes responsáveis depende das circunstâncias específicas e da fase em que a adulteração ocorre.

Eis alguns dos principais intervenientes que podem ser responsáveis pela adulteração de alimentos:

1. **Produtores e fabricantes:**

- Os produtores e fabricantes são responsáveis por garantir a qualidade e a segurança dos produtos alimentares que produzem. Se permitirem, com conhecimento de causa ou por negligência, a ocorrência de adulterações durante as fases de produção ou transformação, podem ser responsabilizados.

2. **Fornecedores e distribuidores:**

- Os fornecedores e distribuidores da cadeia de abastecimento são responsáveis por manter a integridade dos produtos que manuseiam. A adulteração pode ocorrer em qualquer ponto da cadeia de abastecimento, e os responsáveis pelo transporte e armazenamento de produtos alimentares devem tomar medidas para evitar a contaminação ou adulteração.

3. **Retalhistas:**

- Os retalhistas têm um papel a desempenhar na garantia da qualidade dos produtos que vendem. Devem adquirir os produtos a fornecedores idóneos e armazená-los em condições que impeçam a sua adulteração. Os retalhistas podem também ser responsabilizados se se envolverem ou tolerarem práticas fraudulentas.

4. **Agências reguladoras governamentais:**

- As agências reguladoras a nível local, nacional e internacional são responsáveis pelo estabelecimento e aplicação de normas de segurança alimentar. Desempenham um papel crucial no controlo e regulação da indústria alimentar para evitar a adulteração. A não aplicação efectiva da regulamentação pode levar a um aumento da incidência de adulteração.

5. **Laboratórios de ensaio:**

- Os laboratórios responsáveis por testar e analisar amostras de alimentos são responsáveis por fornecer resultados exactos e fiáveis. Se os laboratórios não conseguirem detetar adulterações ou fornecerem informações incorrectas, isso pode prejudicar os esforços para garantir a segurança alimentar.

6. Os consumidores:

- Embora os consumidores possam não estar diretamente envolvidos na adulteração, a sua procura de produtos mais baratos e a falta de sensibilização podem contribuir indiretamente para práticas fraudulentas. Os consumidores instruídos que fazem escolhas informadas podem exercer pressão sobre a indústria para que esta mantenha padrões mais elevados.

7. Indivíduos ou organizações fraudulentas:

- Os indivíduos ou organizações diretamente envolvidos em actividades fraudulentas, como a adição intencional de substâncias nocivas, a diluição de produtos ou a rotulagem incorrecta, são os principais autores da adulteração de alimentos. Estes indivíduos ou entidades são diretamente responsáveis pela violação das normas de segurança alimentar.

8. Organismos de auditoria e certificação:

- As organizações responsáveis pela certificação e auditoria das práticas de produção alimentar, como as que concedem certificações biológicas ou de comércio justo, desempenham um papel na garantia da autenticidade dos produtos alimentares. Em casos de certificação fraudulenta, estes organismos podem ter alguma responsabilidade.

É importante notar que a responsabilidade pela adulteração de alimentos é muitas vezes partilhada entre várias partes, e a colaboração é essencial para abordar a questão de forma eficaz. Os governos, as partes interessadas da indústria e os consumidores desempenham todos papéis na prevenção, deteção e mitigação do impacto da adulteração de alimentos na saúde pública e na economia.

A aplicação rigorosa da regulamentação, a transparência na cadeia de abastecimento e a educação dos consumidores são componentes essenciais de uma estratégia global de combate à adulteração de alimentos.

1.1.9. Lei sobre a adulteração de alimentos na Índia e FSSAI: -

A Lei de Segurança e Normas Alimentares, de 2006, é a principal legislação na Índia que aborda vários aspectos da segurança alimentar, incluindo a prevenção da adulteração de alimentos.

A Food Safety and Standards Authority of India (FSSAI) é o organismo regulador criado ao abrigo desta lei, responsável pela formulação e aplicação das normas de segurança alimentar em todo o país.

Ao abrigo do Food Safety and Standards Act, a adulteração é explicitamente abordada como uma infração grave. A adulteração é definida como a adição ou subtração de qualquer substância de ou para os alimentos, de modo a afetar negativamente a sua qualidade ou segurança.

A lei proíbe o fabrico, a armazenagem, a distribuição, a venda ou a importação de produtos alimentares adulterados.

As principais características da Lei de Segurança e Normas Alimentares relacionadas com a adulteração de alimentos incluem:

1. **Normas e regulamentos:** A FSSAI estabelece normas para vários produtos alimentares para garantir a sua segurança, qualidade e autenticidade.

Estas normas são actualizadas regularmente para abordar questões emergentes e alinhar-se com as melhores práticas internacionais.

2. **Deteção e prevenção de adulterações:** A FSSAI está habilitada a realizar inspecções regulares, amostragens e testes de produtos alimentares para detetar e prevenir a adulteração.

Colabora com as autoridades estatais de segurança alimentar para uma aplicação eficaz.

3. **Sanções e aplicação da lei:** A lei prevê sanções para as infracções relacionadas com a adulteração, que podem incluir multas e penas de prisão.

A severidade das sanções depende da natureza e da extensão da infração.

4. **Sensibilização dos consumidores:** A FSSAI trabalha no sentido de sensibilizar os consumidores para as questões de segurança alimentar, incluindo a importância de verificar os rótulos dos alimentos, comunicar casos suspeitos de adulteração e compreender os seus direitos enquanto consumidores.

Ao integrar medidas para combater a adulteração de alimentos, a Lei de Segurança e Normas Alimentares, juntamente com a supervisão regulamentar fornecida pela FSSAI, visa garantir a segurança e a qualidade da cadeia de abastecimento alimentar na Índia.

Os esforços de colaboração entre a FSSAI e os departamentos estatais de segurança alimentar contribuem para a aplicação efectiva dos regulamentos de segurança alimentar e para a proteção da saúde dos consumidores.

1.2. O que é a Perícia Alimentar: -

A ciência forense alimentar é uma disciplina científica que envolve a análise e o exame de produtos alimentares para garantir a sua segurança, autenticidade e conformidade com as normas regulamentares.

Esta área utiliza várias técnicas e tecnologias, como testes de ADN, análises químicas e instrumentação avançada, para identificar e rastrear a origem dos produtos alimentares, detetar contaminantes e verificar a exatidão da rotulagem.

Os peritos forenses alimentares desempenham um papel crucial na investigação de casos de fraude alimentar, contaminação ou rotulagem incorrecta, ajudando a manter a integridade da cadeia de abastecimento alimentar e a proteger os consumidores de potenciais riscos para a saúde.

Ao combinar elementos de biologia, química e tecnologia, a ciência forense alimentar contribui para garantir a qualidade e a segurança dos alimentos ao longo dos processos de produção, distribuição e consumo.

❖ O que é a adulteração de alimentos na ciência forense?

Em ciência forense, a adulteração alimentar refere-se à contaminação, substituição ou adição deliberada ou não intencional de substâncias aos produtos alimentares, o que pode ter implicações legais.

Os cientistas forenses analisam amostras de alimentos para detetar e identificar adulterantes, garantindo a integridade da cadeia de abastecimento alimentar e salvaguardando a saúde pública.

A análise pode envolver a identificação de aditivos não autorizados, a deteção da presença de substâncias nocivas ou a confirmação da conformidade com os regulamentos de segurança alimentar.

As técnicas forenses utilizadas nas investigações de adulteração de alimentos incluem espetroscopia, cromatografia, análise de ADN e testes microbiológicos.

Estes métodos ajudam a determinar a composição dos produtos alimentares, a identificar contaminantes e a estabelecer se os alimentos cumprem as normas legais. Em casos de adulteração intencional para ganho financeiro ou actividades criminosas, as provas forenses podem ser cruciais em processos legais para responsabilizar as partes responsáveis.

A ciência forense desempenha um papel vital na garantia da autenticidade e segurança dos produtos alimentares, contribuindo para a aplicação da regulamentação e para a proteção dos consumidores.

1.2.1. Quais são as consequências da adulteração dos géneros alimentícios para a economia?

Consequências da adulteração de alimentos para a economia

A adulteração de alimentos tem consequências de grande alcance na economia, afectando vários sectores e partes interessadas. Vamos explorar alguns dos impactos significativos:

1. Perdas económicas

A adulteração de alimentos conduz a perdas económicas substanciais a diferentes níveis.

Para começar, os consumidores podem sofrer de problemas de saúde devido ao consumo de alimentos adulterados, o que resulta num aumento das despesas de saúde.

Isto representa um encargo adicional para os sistemas de saúde pública e para as finanças dos indivíduos.

Além disso, as recolhas de alimentos e as proibições impostas a produtos adulterados podem resultar em perdas financeiras para os fabricantes e fornecedores de alimentos.

Os produtos contaminados têm de ser retirados do mercado, o que resulta em recursos desperdiçados, perda de receitas e danos na reputação da marca.

As empresas afectadas podem também enfrentar consequências legais e acções judiciais, o que terá um impacto ainda maior na sua estabilidade financeira.

2. Declínio do sector agrícola

A adulteração de alimentos afecta o sector agrícola, que constitui a espinha dorsal de muitas economias. Os agricultores investem o seu tempo, esforço e recursos no cultivo de culturas e na criação de gado.

No entanto, quando a procura de adulterantes, como pesticidas ou hormonas de crescimento, aumenta, pode levar a um declínio na produção de opções alimentares biológicas e mais saudáveis.

Esta mudança para práticas adulteradas prejudica a reputação dos verdadeiros agricultores e cria um ambiente de mercado injusto. Os agricultores que dão prioridade a práticas agrícolas éticas e sustentáveis podem ser confrontados com uma redução da procura e dos preços dos seus produtos, o que afecta os seus rendimentos e os desencoraja de prosseguir as suas actividades.

Consequentemente, o sector agrícola é afetado, o que tem um impacto na economia em geral.

3. Impacto negativo nas exportações

A adulteração de alimentos pode ter consequências graves para a capacidade de um país exportar produtos alimentares. O comércio internacional depende em grande medida da confiança e do cumprimento das normas de segurança alimentar.

Quando a indústria alimentar de um país é manchada por incidentes de adulteração, a confiança dos consumidores estrangeiros e dos parceiros comerciais é afetada.

Os países importadores tornam-se cautelosos quanto à segurança e qualidade dos produtos alimentares provenientes da nação afetada. Esta perda de confiança pode resultar em barreiras comerciais, restrições à importação e um maior controlo das exportações do país.

A diminuição das oportunidades de exportação afecta diretamente as receitas em divisas, o emprego e o crescimento económico.

4. Confiança e reputação dos consumidores

A adulteração de alimentos abala a confiança dos consumidores e a falta de confiança na cadeia de abastecimento alimentar pode ter consequências duradouras. Os consumidores confiam que os produtos alimentares são seguros, nutritivos e de elevada qualidade.

Quando surgem casos de adulteração, os consumidores podem tornar-se cépticos quanto à autenticidade e segurança dos produtos alimentares disponíveis no mercado.

Esta perda de confiança conduz a uma diminuição da procura por parte dos consumidores, afectando as vendas e a rentabilidade das empresas do sector alimentar.

Além disso, a perceção negativa da indústria alimentar pode prejudicar a reputação do país no seu conjunto, dissuadindo os investidores estrangeiros e dificultando o desenvolvimento económico.

❖ Efeito de investigação alimentar da Índia: -

A adulteração de alimentos pode ter várias consequências na economia, com impacto em diferentes sectores e aspectos. Eis algumas das principais consequências:

1. **Custos dos cuidados de saúde:**

- O consumo de alimentos adulterados ou contaminados pode provocar doenças de origem alimentar e problemas de saúde. O consequente aumento dos tratamentos médicos e dos custos dos cuidados de saúde pode sobrecarregar tanto os indivíduos como o governo.

2. **Perda de produtividade:**

- As doenças causadas pelo consumo de alimentos adulterados podem resultar em absentismo e redução da produtividade da mão de obra. Esta perda de produtividade afecta as empresas individuais e pode ter implicações económicas mais vastas.

3. **Confiança do consumidor:**

- Casos contínuos de adulteração de alimentos corroem a confiança dos consumidores na segurança e na qualidade dos produtos alimentares. A falta de confiança na cadeia de abastecimento alimentar pode levar a alterações no comportamento dos consumidores, afectando a procura de determinados produtos.

4. **Reputação comercial:**

- As empresas envolvidas na produção e distribuição de produtos adulterados enfrentam prejuízos para a sua reputação. A perda de confiança dos consumidores pode levar a um declínio nas vendas, na quota de mercado e no desempenho geral da empresa.

5. **Consequências jurídicas:**

- As empresas consideradas culpadas de adulteração de alimentos podem enfrentar consequências legais, incluindo coimas, recolhas de produtos e acções judiciais. Os processos judiciais e as sanções contribuem para o impacto económico nas empresas implicadas.

6. **Restrições à exportação:**

- Os problemas de adulteração podem levar a restrições comerciais, especialmente se as mercadorias exportadas não cumprirem as normas de segurança. Esta situação pode ter impacto nas relações comerciais internacionais e reduzir as receitas de exportação das indústrias afectadas.

7. **Custos de regulamentação:**

- Os governos poderão ter de investir na elaboração e aplicação de regulamentos mais rigorosos, na realização de inspecções e na aplicação de medidas regulamentares para combater a adulteração de alimentos.
- Estes esforços regulamentares implicam custos que são frequentemente suportados pelo governo e, indiretamente, pela economia.

8. **Perda de rendimento agrícola:**

- Se a adulteração implicar a utilização de factores de produção agrícola de qualidade inferior ou contaminados, os agricultores podem ver reduzida a procura dos seus produtos. Isto pode levar a perdas de rendimento no sector agrícola.

9. **Perturbações na cadeia de abastecimento:**

- Os incidentes de adulteração de alimentos podem resultar em perturbações na cadeia de abastecimento, afectando a disponibilidade atempada de determinados produtos alimentares.
- Esta perturbação pode ter impacto nas empresas e levar a flutuações nos preços.

10. **Aumento dos custos de teste e monitorização:**

- Em resposta às preocupações com a adulteração de alimentos, as empresas podem ter de investir em testes e controlos mais rigorosos dos seus produtos. Este facto aumenta os custos operacionais para as empresas em toda a cadeia de abastecimento.

11. **Impacto no turismo:**

- A reputação de alimentos inseguros ou adulterados pode afetar negativamente a indústria do turismo. Os visitantes podem hesitar em consumir alimentos locais, o que tem um impacto na contribuição económica global do sector do turismo.

12. Custos sociais:

- As populações vulneráveis podem ser afectadas de forma desproporcionada pela adulteração dos alimentos. As pessoas com rendimentos mais baixos podem ser mais susceptíveis de comprar produtos adulterados mais baratos, agravando as desigualdades em matéria de saúde e sobrecarregando os serviços de saúde pública.

  Em conclusão, a adulteração de alimentos tem consequências económicas multifacetadas, afectando a saúde pública, o comportamento dos consumidores, as empresas, as relações comerciais e vários sectores da economia.

  Os esforços para combater a adulteração de alimentos envolvem uma combinação de medidas regulamentares, colaboração da indústria e campanhas de sensibilização do público para mitigar estes impactos económicos.

1.2.2. O que é uma substância estranha nos alimentos: -

As substâncias estranhas nos alimentos referem-se a quaisquer materiais ou matérias que não sejam contaminantes, adulterantes deliberados ou partículas não intencionais que possam representar riscos para a saúde humana ou comprometer a qualidade e autenticidade dos alimentos.

Eis alguns tipos comuns de substâncias estranhas nos alimentos:

1. Contaminantes físicos:

- Exemplos: Vidro, metal, madeira, plástico, pedras ou quaisquer outros objectos físicos que não façam parte da composição original do alimento.
- Causas: Introdução acidental durante a colheita, processamento, embalagem ou transporte.

2. Contaminantes químicos:

- **Exemplos:** Resíduos de pesticidas, metais pesados (por exemplo, chumbo, mercúrio), produtos químicos industriais, aditivos alimentares que excedam os limites permitidos.
- **Causas:** Utilização de insumos agrícolas contaminados, poluição ambiental, utilização incorrecta de produtos químicos durante a transformação dos alimentos.

3. Contaminantes microbianos:

- **Exemplos**: Bactérias, vírus, bolores ou fungos nocivos.
- **Causas:** Más práticas de higiene durante a manipulação dos alimentos, fontes de água contaminadas, condições inadequadas de processamento ou armazenamento.

4. Alergénios:

- **Exemplos:** Proteínas de alimentos alergénicos comuns, como amendoins, nozes, ovos, leite, soja, trigo, peixe e marisco.
- **Causas:** Contaminação cruzada durante o processamento, rotulagem incorrecta ou não declaração de alergénios no rótulo do produto.

5. Micotoxinas:

- **Exemplos:** Toxinas produzidas por bolores, como as aflatoxinas nos amendoins ou nos cereais.
- **Causas:** Contaminação fúngica das culturas devido a más condições de armazenamento, humidade ou infestações por insectos.

6. Adulterantes:

- **Exemplos:** Adição intencional de substâncias para aumentar o volume, mascarar defeitos ou enganar os consumidores (por exemplo, diluir o leite, adicionar corantes não permitidos).
- **Causas:** Motivos económicos, práticas orientadas para o lucro ou actividades fraudulentas.

7. Resíduos:

- **Exemplos:** Resíduos de medicamentos veterinários, antibióticos ou pesticidas em produtos de origem animal ou em culturas.
- **Causas:** Períodos de retirada inadequados, utilização incorrecta de produtos químicos agrícolas ou incumprimento dos regulamentos.

8. Auxiliares de processamento:

- **Exemplos:** Substâncias utilizadas durante a transformação dos alimentos para facilitar o fabrico, mas que não se destinam a permanecer no produto final.
- **Causas:** Remoção incompleta dos adjuvantes tecnológicos ou dos seus resíduos durante o fabrico

A deteção e prevenção de substâncias estranhas nos alimentos envolvem medidas rigorosas de controlo de qualidade, adesão às Boas Práticas de Fabrico (BPF), sistemas de Análise de Perigos e Pontos Críticos de Controlo (HACCP) e conformidade com os regulamentos de segurança alimentar.

São utilizadas técnicas analíticas avançadas como a espetrometria de massa, a cromatografia, os testes de ADN e os imunoensaios para a deteção precisa e sensível de substâncias estranhas nos produtos alimentares.

O controlo e os testes regulares ao longo da cadeia de abastecimento alimentar são essenciais para garantir a segurança e a integridade dos alimentos disponibilizados aos consumidores.

❖ **Deteção de matérias estranhas em produtos alimentares:** -

A deteção de materiais estranhos em produtos alimentares é um aspeto crítico da segurança alimentar e da garantia de qualidade.

São utilizados vários métodos e tecnologias para identificar e eliminar materiais estranhos para garantir que os produtos alimentares cumprem as normas de segurança e estão isentos de contaminantes.

Seguem-se alguns métodos comuns utilizados para a deteção de materiais estranhos nos alimentos:

1. Inspeção visual:

- Um dos métodos mais simples envolve a inspeção visual por pessoal qualificado. Isto pode ser feito manualmente ou com a ajuda de sistemas automatizados, tais como sistemas de tapetes rolantes com câmaras que podem detetar anomalias.

2. Deteção de metais:

- Os detectores de metais são normalmente utilizados para identificar objectos metálicos estranhos nos alimentos. Isto é especialmente importante em indústrias onde pode ocorrer contaminação por metais durante o processamento ou embalagem.

3. Inspeção por raios X:

- Os sistemas de raios X podem ser utilizados para detetar uma vasta gama de materiais estranhos, incluindo metal, vidro, plástico e até contaminantes densos como pedras. A inspeção por raios X é eficaz para produtos alimentares embalados e não embalados.

4. Separação magnética:

- Os separadores magnéticos são utilizados para remover partículas de metais ferrosos de produtos alimentares. Isto é particularmente relevante em indústrias onde a presença de contaminantes metálicos é uma preocupação.

5. Espectroscopia no ultravioleta (UV) e no infravermelho (IV):

- A espetroscopia UV e IV pode ser utilizada para detetar determinados contaminantes com base nas suas características espectrais únicas. Estas técnicas são frequentemente utilizadas para a análise de compostos específicos ou de classes de contaminantes.

6. Separação baseada na densidade:

- Os métodos de separação baseados na densidade, como a flutuação ou a classificação por ar, podem ser utilizados para separar materiais estranhos com base na sua densidade em comparação com o produto alimentar.

7. Exame microscópico:

- O exame microscópico pode ser utilizado para identificar contaminantes como insectos, bolor ou outras partículas. Para este efeito, são utilizados microscópios e tecnologias de imagem.

8. ADN e técnicas moleculares:

- Os métodos baseados no ADN, incluindo a reação em cadeia da polimerase (PCR), podem ser utilizados para identificar organismos específicos ou material genético em produtos alimentares. Isto é particularmente relevante para a deteção de contaminantes microbianos.

9. Avaliação sensorial:

- A avaliação sensorial humana, incluindo a análise do sabor, do cheiro e da textura, pode também ser utilizada para detetar desvios das características normais de um produto alimentar que possam indicar contaminação.

É importante notar que a escolha do método de deteção depende da natureza do material estranho e dos requisitos específicos da indústria alimentar.

A combinação de vários métodos e a implementação de um sistema de controlo de qualidade abrangente ajudam a garantir a segurança e a qualidade dos produtos alimentares.

As agências reguladoras dos géneros alimentícios também estabelecem orientações e normas para garantir que os produtores de géneros alimentícios cumpram medidas de segurança rigorosas.

1.3. O que é o jaggery?

Jaggery é um produto tradicional de açúcar não centrifugado que é comumente consumido em alguns países da Ásia e das Américas. É tipicamente feito a partir da seiva concentrada ou sumo de palmeiras. O processo de fabrico do Jaggery envolve a extração do sumo da cana-de-açúcar ou da palma, e depois a sua fervura e redução para criar um produto denso e concentrado.

O jaggery distingue-se do açúcar refinado porque retém mais nutrientes naturais presentes na seiva da cana-de-açúcar ou da palmeira, incluindo vitaminas e minerais como o ferro, o magnésio e o potássio. A cor do jaggery pode variar entre o castanho dourado e o castanho escuro, e o seu sabor é frequentemente descrito como caramelo e rico.

Devido aos seus benefícios para a saúde e à sua doçura natural, o jaggery é amplamente utilizado em várias aplicações culinárias, especialmente em sobremesas tradicionais, doces e bebidas em muitas partes da Ásia, América Latina e África.

Além disso, é por vezes utilizado como adoçante natural e como alternativa ao açúcar refinado em vários pratos e bebidas.

Existem produtos similares de açúcar não centrifugado em toda a Ásia, América Latina e Caraíbas, embora todos tenham nomes diferentes.

Estes produtos incluem:

- **Gur:** Índia.
- **Panela:** Colômbia.
- **Piloncillo:** México.
- **Tapa dulce:** Costa Rica.
- **Namtan tanode:** Tailândia.
- **Gula Melaka:** Malásia.
- **Kokuto:** Japão.

Cerca de 70% da produção mundial de jaggery tem lugar na Índia, onde é vulgarmente designado por "gur".

Figura 1.10 Jaggery

❖ Origens e produção: -

O jaggery é feito a partir dos produtos da cana-de-açúcar e da tamareira. O açúcar produzido a partir da seiva da tamareira é mais apreciado e menos comum fora das regiões onde é produzido.

A palmeira toddy é explorada para a produção de açúcar de cana na Índia, no Bangladesh, no Paquistão, no Nepal, em Myanmar e no Sri Lanka.

No Sri Lanka, os extractos de xarope das árvores de *kithul* (Caryota *urens*) são amplamente utilizados para a produção de açúcar doce.

Todos os tipos de açúcar são apresentados em blocos ou pastas de xarope de açúcar concentrado solidificado e aquecido a 200 °C (392 °F).

Tradicionalmente, o xarope é feito fervendo o sumo de cana-de-açúcar cru ou a seiva de palmeira em recipientes grandes, pouco profundos e de fundo redondo.

❖ <u>Preparação</u>: -

Historicamente, os cultivadores de cana-de-açúcar utilizavam esmagadores que eram movidos por bois, mas todos os esmagadores modernos são accionados por motor. Estes trituradores são colocados nos campos perto das plantas de cana-de-açúcar.

A cana de açúcar cortada e limpa é esmagada e o sumo de cana extraído é recolhido num recipiente grande. Uma quantidade do sumo é transferida para um recipiente mais pequeno para ser aquecida num forno.

O recipiente é aquecido durante cerca de uma hora. A polpa de madeira seca da cana-de-açúcar esmagada é tradicionalmente utilizada como combustível para o forno.

Enquanto se ferve o sumo, adiciona-se-lhe cal para que todas as partículas de madeira subam para o topo do sumo numa espuma, que é desnatada.

Finalmente, o sumo é engrossado. O líquido espesso resultante tem cerca de um terço do volume original.

Este líquido quente tem uma cor dourada. Mexe-se continuamente e levanta-se com uma espátula para ver se forma um fio ou se escorre ao cair. Se formar muitos fios, é porque está completamente espesso.

É vertido numa panela rasa de fundo plano para arrefecer e solidificar. A panela é extremamente grande para permitir que apenas uma fina camada deste líquido quente se forme no seu fundo, de modo a aumentar a área de superfície para uma rápida evaporação e arrefecimento.

Depois de arrefecer, o açúcar doce torna-se um sólido macio que é moldado na forma desejada.

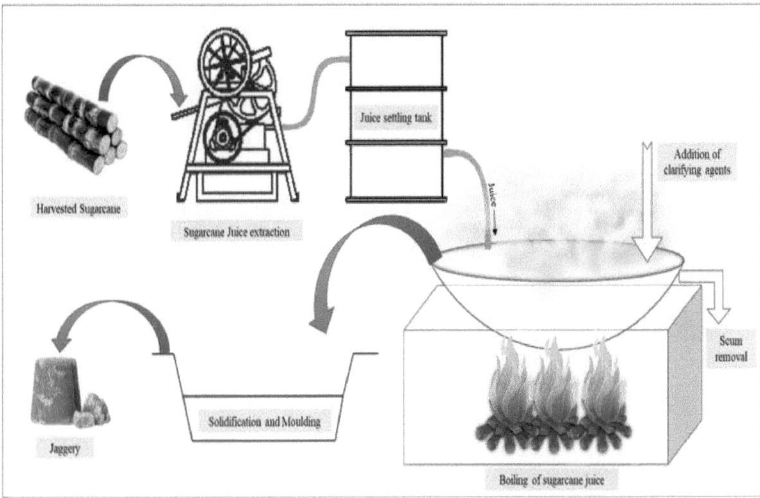

Figura 1.11 Fábrica tradicional de produção de açúcar doce

A qualidade do jaggery é avaliada pela sua cor; castanho-escuro significa que não foi clarificado durante o fabrico, ou que o sumo de cana-de-açúcar foi cozido com todos os nutrientes intactos. Algumas pessoas interpretam isto erroneamente como impuro e clarificam o sumo para melhorar a cor, retirando os nutrientes para fazer o jaggery amarelo dourado, que não é mais do que açúcar refinado.

Devido a esta escala de classificação, são por vezes adicionados adulterantes coloridos ao açúcar doce para simular a tonalidade dourada, que pode ser tóxica.

O jaggery natural castanho-escuro é obtido a partir do sumo de cana-de-açúcar integral, através da fervura a cerca de 200°C numa grande panela de ferro fundido.

O óleo de mostarda ou de rícino de qualidade alimentar (com um ponto de fumo elevado) é normalmente utilizado nestas panelas em quantidades insignificantes (aproximadamente 2 colheres de chá por 100 kg) para que a espuma do sumo muito quente não saia da panela durante a fervura.

O óleo de mostarda ou de rícino está presente em vestígios no jaggery integral e as qualidades destes óleos (laxantes) coincidem e apoiam esta qualidade do jaggery integral.

Muitos fabricantes utilizam óleo sintético e argumentam que, uma vez que se trata de quantidades vestigiais, não há qualquer problema de saúde. No entanto, o óleo sintético, mesmo em pequenas quantidades, pode ser tóxico .

Por conseguinte, é necessário não só verificar a salubridade do açúcar de cana (obtida sem clarificação), mas também verificar o tipo de óleo utilizado, mesmo em vestígios.

Figura 1.12 Etapas tradicionais da produção de jaggery.

❖ **Diferentes formas de jaggery: - -**

O jaggery é transformado através da fervura, concentração e clarificação do sumo de cana-de-açúcar. Existem basicamente três formas diferentes de jaggery com base na transformação: jaggery sólido, líquido e granular.

A composição nutricional dos três tipos de jaggery é apresentada no quadro (1). O açúcar de cana sólido é o tipo de açúcar de cana mais preferido, geralmente produzido por clarificação do sumo de cana em bruto e concentração do sumo clarificado para atingir o ponto de rutura de 118 °C-120° C.

Em seguida, a pasta concentrada é arrefecida e moldada em diferentes formas com base no gosto do fabricante e no potencial de comercialização de produtos de valor acrescentado.

Estruturalmente, contém microcristais anédricos irregulares de açúcar, envolvidos por resíduos de melaço e outros constituintes nutritivos (vitaminas e minerais) do sumo de cana-de-açúcar.

Os estudos também normalizaram o processo de fabrico de pó de jaggery de qualidade. Para tal, o sumo é aquecido até à temperatura de 120-122 °C (ponto de inflamação). Depois de retirada do calor, a massa quente é deixada arrefecer.

A mistura é então transferida da panela para uma plataforma sólida de metal/madeira e deixada sem agitação para a formação de cristais. Após a solidificação do torrão, o açúcar em pó é fabricado manualmente com raspadores de madeira.

O pó é depois peneirado e seco até um teor de humidade de 1-2% antes de ser armazenado. Esta forma tem melhor capacidade de armazenamento devido ao baixo teor de humidade. Para a preparação de açúcar líquido, a temperatura de 105-106 °C é a mais adequada e o açúcar líquido assim produzido tem boa qualidade com um crescimento microbiano e cristalização mínimos.

O acréscimo de valor e a fortificação de especiarias naturais, ervas aromáticas, vitaminas, minerais e outros componentes/produtos nutricionalmente importantes em diferentes formas de jaggery podem ser efectuados simplesmente por mistura ou por tecnologia de co-cristalização.

Composição de diferentes tipos de jaggery (por 100 g)

Particularidades	**Teor de minerais de diferentes formas de jaggery**		
	Sólido	**Líquido**	**Granulado**
Humidade (%)	3-10	30-35	1-2
Açúcares redutores (%)	9-15	15-25	5-9
Açúcares não redutores (%)	65-85	40-60	80-90
Proteína (%)	0.4	0.5	0.4
Gordura (%)	0.1	0.1	0.1
Total de minerais (%)	0.6-1	0.75	0.6-1

Poder calorífico (Kcal)	383	300	383

Quadro 1 **Composição dos diferentes tipos de glucose de laranja**

O Jaggery é produzido em diferentes formas: sólida, líquida e em pó ou granulada, que são descritas como:

Bagaço de cana-de-açúcar sólido (em forma de cubo)

O sumo de cana filtrado foi bombeado para panelas abertas mantidas num forno de panela tripla e aquecido com o bagaço como combustível. O sumo foi clarificado com um clarificante à base de ervas (extrato de deola a 45 g/100 kg de sumo), para produzir um açúcar de cor clara, eliminando as impurezas em suspensão, os compostos coloidais e os corantes por acumulação.

O sumo é em seguida fervido e concentrado para obter o açúcar de cana com a forma e o tamanho desejados.

Mel de **cana líquido**

Trata-se de um produto intermédio obtido durante a concentração do sumo de cana-de-açúcar purificado durante o fabrico de jaggery, e é um produto semi-líquido semelhante a um xarope. A qualidade do açúcar de cana líquido depende em grande medida da qualidade e da composição do sumo de cana, do tipo de clarificantes utilizados e da temperatura a que o sumo concentrado é recolhido.

Para obter um jaggery líquido de qualidade, o concentrado de sumo é retirado da panela de ebulição, quando atinge a temperatura de 103-106°C, dependendo da variedade e da zona agro-climática.

Para evitar a cristalização e para tornar a cor do açúcar líquido atraente, adiciona-se ácido cítrico a 0,04% (400 mg/kg de açúcar líquido), enquanto que para melhorar o prazo de validade do açúcar líquido sem deterioração da qualidade, adiciona-se metabissulfito de potássio a 0,1% (1 g/kg de açúcar líquido) ou ácido benzoico a 0,5% (5 g/kg de açúcar líquido). Deixa-se então que o açúcar de cana líquido assente durante um período de 8-10 dias em condições ambientais.

Mais tarde, após filtração, é devidamente embalado em garrafas esterilizadas. A composição química de um típico jaggery líquido pode ser: água 30-36%, sacarose 40-60%, açúcar invertido 15-25%, cálcio 0,30%, ferro 8,5-10 mg/100 mg, fósforo 05/100 mg, proteína 0,10/100 mg, e vitamina B 14/100 mg.

Jaggery granulado ou em pó

O processo de fabrico do açúcar de cana granulado é semelhante até à concentração. A pasta concentrada é esfregada com um raspador de madeira, para a formação de grãos. O açúcar de cana granulado é então arrefecido e peneirado.

Cristais com menos de 3 mm de tamanho são considerados melhores para a qualidade do açúcar granulado. O aumento do pH do sumo de cana com cal, até 6,0-6,2, e a temperatura do ponto de rutura de 120°C, produziu um açúcar granulado de qualidade com um elevado teor de sacarose de 88,6%, baixa humidade de 1,65%, com boa cor, friabilidade e cristalinidade.

O jaggery sob a forma de grânulos (peneirados até cerca de 3 mm), seco ao sol e com um teor de humidade reduzido a menos de 2%, e embalado em sacos de poliéster de polietileno ou em garrafas de polietileno, pode ser armazenado durante mais tempo (mais de dois anos), mesmo durante o período das monções, com poucas alterações de qualidade. A cor do pó de jaggery pode variar entre o amarelo dourado e o castanho dourado escuro, como o chocolate preto.

A cor depende muitas vezes do ingrediente de base utilizado para fabricar o pó de jaggery. É mais macio do que o açúcar e também amorfo. Isto deve-se ao facto de as vitaminas, as proteínas e o gradiente da cana não serem removidos.

É constituído predominantemente por sais minerais de sacarose e ferro. Por isso, o consumo de jaggery é recomendado em caso de anemia por deficiência de ferro. Contém cadeias mais longas de sacarose, pelo que é digerido lentamente e a libertação de energia também é lenta.

Assim, a energia é fornecida durante um período de tempo mais longo e não é prejudicial para o organismo.

Os diferentes benefícios do pó de jaggery são listados como:

- Rico em sais minerais
- Fácil de digerir
- Desenvolve um sabor único como adoçante
- Trata infecções da garganta e dos pulmões
- Dissolve-se facilmente e equilibra a deficiência do nível de açúcar
- Composição orgânica sem enxofre, a melhor alternativa para a saúde.

❖ Tipos de jaggery:-.

Existem cinco tipos de jagunços:

Açúcar de cana Jaggery

Figura 1.13 Cana-de-açúcar Jaggery

O jaggery mais popular na cozinha indiana é feito a partir da cana-de-açúcar. O jaggery é feito esmagando a cana-de-açúcar para extrair o sumo, filtrando e fervendo o sumo concentrado, e depois congelando e endurecendo o líquido para criar blocos de jaggery. A forma em que é mais frequentemente consumido é a cristalizada. Com base no sumo extraído, o jaggery de cana-de-açúcar tem um sabor doce com um toque de sal.

Mel de coco

Figura 1.14 Coco Jaggery

A seiva de coco não fermentada é utilizada para fabricar o doce de coco, que é depois escorrido, aquecido, cristalizado e colocado em diferentes moldes. Devido ao efeito de congelação do meio ambiente, este doce semissólido transforma-se gradualmente numa massa dura cristalizada.

Entre muitas pessoas, o açúcar de coco e o pó de açúcar de coco são mais consumidos do que o açúcar de cana. Trata-se de uma das várias variedades de açúcar doce frequentemente utilizadas na cozinha do Sul da Índia.

Mel de palma

Figura 1.15 Palma de jengala

O sabor do açúcar de palma, designado por Khajoor Gur, é de certo modo comparável ao do chocolate. Em comparação com o açúcar refinado, o açúcar de palma mantém todos os seus nutrientes mesmo depois de ser processado.

É abundante em minerais como o potássio, o fósforo, o magnésio e o ferro. A seiva da tamareira é extraída, fervida e batida manualmente para produzir este açúcar doce.

É um açúcar não centrifugado produzido a partir da seiva de palmeiras como o coco, a tâmara, a nipa, a palmeira e a palmeira-de-açúcar. Este adoçante natural de baixas calorias tem uma cor castanha rica e sabe a chocolate preto.

Marayoor Jaggery

Figura 1.16 Marayoor Jaggery

Marayoor é uma localidade no distrito de Idukki, em Kerala, 42 km a norte de Munnar, na estrada Munnar-Udumbalpetta. Para além das suas florestas de sândalos naturais e dos imensos locais de beleza paisagística, Marayoor é mais conhecida pela sua extensa cultura de cana-de-açúcar, a principal cultura de Marayoor e Kanthalloo.

Aqui, mais de 2500 acres de terra são cultivados com cana-de-açúcar, um produto desta cultura é a iguaria mundialmente famosa chamada Marayoor Jaggery.

Jaggery é o termo usado para designar as bolas de açúcar castanho-escuro feitas de sumo de cana-de-açúcar condensado. Nas explorações de cana-de-açúcar, são criadas unidades de fabrico e o Jaggery é fabricado pelos agricultores, que pertencem maioritariamente à tribo Muthuva.

Para além disso, o saber especializado ancestral da população local no fabrico do açúcar doce na própria quinta, torna-o um produto único.

Por conseguinte, é muito procurado nos lares de todo o país para a preparação de pratos doces.

Toddy Jaggery

Figura 1.17 Toddy Jaggery

Uma especialidade de Myanmar, o Toddy Palm Jaggery é feito a partir da fervura da seiva da palmeira toddy. Com um aroma rico e uma cor castanha dourada, esta variante de jaggery é atractiva pelo seu sabor único e potenciais benefícios para a saúde.

❖ Tipos de jaggery, sua origem e nome comum em diferentes regiões

Sr. No.	Types of jaggery	Source	Common Names	Region
1	Solid jaggery	Sugarcane juice	Gur	North India
			Gul	Maharashtra
			Bella	Karnataka
			Vellum	Tamil Nadu, Malabar
			Bellam	Andhra Pradesh
			Akher Gur	Bengal
2	Liquid Jaggery	Sugarcane juice	Kakavi	Maharashtra
3	Palm Jaggery	sap of palm trees	Panam karkandu	Tamil Nadu
			Nalla bellam,	Andhra Pradesh
			Thaati bellam	
			Panam kalkandam,	Kerala
			Karippatti, Karipetti,	
			Karippotti	
			Ole Bella	Karnataka
4	Date palm jaggery	Sap of date palm	Khejurer gur	Bengal
			Khejura cini	Bangladesh
5	Coconut palm jaggery	Sap of coconut trees	Gula Melakha	Malaysia
			Gula Anau	
			Gula Merah	Indonesia

Figura 1.18 Tipos de Jaggery, sua origem e nome comum em diferentes regiões

❖ Componentes nutricionais: -

O jaggery, feito a partir do sumo de cana-de-açúcar, tem um pH de cerca de 5,8-6,4 100 g de jaggery contém aproximadamente 70-85 g de sacarose, 7-10 g de açúcares redutores (glucose e frutose), 0,500-0,750 g de gorduras, 0,35-0,45 g de proteínas e 0,5-1,0 g de cinzas.

O jaggery é rico em minerais importantes como cálcio, magnésio, potássio, fósforo, sódio, ferro, manganês, zinco, cobre e cloreto, e vitaminas como A, B1, B2, B5, B6, C, D2, E, ácido nicotínico, e proteínas (quadro 2) isolou cerca de seis antioxidantes (siringaresinol, medioresinol, álcool coniferílico, álcool sinapílico e 3-hidroxi-1-(4-

hidroxi-3,5 dimetoxifenil)-1 propanona, etc.) de Kokuto (jokuto japonês).) de *Kokuto* (jaggery japonês).

Relataram que o açúcar de cana também contém fenólicos (280-320 mg/100 g de açúcar de cana). No entanto, a composição química do jaggery varia muito devido a diferenças nas variedades de cana-de-açúcar processadas, condições climáticas, tensões abióticas e bióticas, práticas culturais adoptadas, utilização de diferentes produtos químicos e clarificantes vegetativos, metodologia de processamento do jaggery em diferentes países, etc.

Componentes nutricionais do jaggery/100

Componentes	Gama*
Cálcio	**40-100 mg**
Magnésio	**70-90 mg**
Potássio	**1056 mg**
Fósforo	**20-90 mg**
Sódio	**19-30 mg**
Ferro	**10-13 mg**
Manganês	**0,2-0,5 mg**
Zinco	**0,2-0,4 mg**
Cobre	**0,1-0,9 mg**
Cloreto	**5,3 mg**
Vitamina A	**3,8 mg**
Vitamina B1	**0,01 mg**
Vitamina B2	**0,06 mg**
Vitamina B5	**0,01 mg**
Vitamina B6	**0,01 mg**
Vitamina C	**7,00 mg**
Vitamina D2	**6,50 mg**
Vitamina E	**111,30 mg**
Vitamina PP	**7,00 mg**
Proteína	**280 mg**
Fenólicos	**280-320 mg**

Quadro 2 Componentes nutricionais do jaggery/100

❖ **Benefícios do Jaggery:-**

Os benefícios do pó de Jaggery são incontáveis, mas listamos alguns importantes abaixo.

1. **níveis de energia:** O Jaggery fornece uma energia progressiva que dura mais tempo do que o açúcar, que apenas oferece um aumento de energia temporário. Isto deve-se ao facto de não ser processado, o que garante que os níveis de açúcar no sangue não são imediatamente alterados, mas aumentam gradualmente.

   Isto, por sua vez, pode ajudar a evitar o cansaço.

2. **Alivia as cólicas menstruais**: Um tratamento totalmente natural para a dor das cãibras menstruais é o açúcar de jaguar. As endorfinas, uma hormona agradável libertada quando se consome açúcar doce, ajudam a reduzir os sintomas da TPM, como as mudanças de humor, a impaciência, os desejos de comida e muito mais.

   O consumo regular de jaggery também pode ajudar a controlar os ciclos menstruais irregulares.

3. **Controla a tensão arterial**: O teor de potássio e sódio do Jaggery ajuda a preservar o equilíbrio ácido do corpo. Por sua vez, isto mantém os níveis de tensão arterial dentro dos limites aceitáveis.

   A dilatação dos vasos sanguíneos causada pelo açúcar de cana estabiliza a pressão sanguínea e permite um fluxo sanguíneo suave.

4. **Desintoxica o fígado**: O Jaggery é um purificador natural que é particularmente benéfico para o fígado. O adoçante natural ajuda a eliminar os venenos perigosos do corpo.

   Isto ajuda ainda mais a desintoxicação do fígado. Consequentemente, o consumo de jaggery é aconselhado a pessoas com problemas hepáticos.

5. **Aumenta a imunidade**: O Jaggery é uma fonte rica de antioxidantes e minerais, incluindo zinco e selénio, reduzindo o risco de danos causados pelos radicais livres e aumentando a resistência às infecções.

   O jaggery também ajuda a aumentar a concentração geral de hemoglobina no sangue.

6. **Previne a anemia**: O Jaggery é rico em ferro e folato, que ajudam a prevenir a anemia, assegurando um nível normal de glóbulos vermelhos no corpo. As mulheres grávidas beneficiarão especialmente deste facto.

Assegura que o número de glóbulos vermelhos se mantém a um nível normal.

7. **Para perda de peso:** O Jaggery é uma excelente fonte de potássio que equilibra os electrólitos, acelera o metabolismo e ajuda a desenvolver os músculos.

   Além disso, o potássio pode ajudar a diminuir a retenção de água no corpo, contribuindo significativamente para a perda de peso.

❖ Efeito colateral de comer jaggery ou gur: -

Ao consumir mais açúcar doce do que o necessário ou ao consumir açúcar doce durante muito tempo, existe o risco de aumento de peso ou obesidade. As pessoas com diabetes não devem consumir o jaggery porque, tal como o açúcar, também contém uma grande quantidade de hidratos de carbono e calorias.

Por conseguinte, se comerem mais açúcar de cana, correm o risco de aumentar o açúcar no sangue.

Se o comer durante muito tempo, existe o risco de infeção por vermes parasitas. Devido a este facto, existe o risco de fraqueza e de doenças relacionadas com o estômago.

Kapha ou perturbação do estômago foi observada após a ingestão de jaggery fresco.

1.3.1 O que é a adulteração do Jaggery? -

O jaggery é frequentemente adulterado através da adição de farinha, açúcar de cana e, ocasionalmente, aditivos corantes artificiais. O amido pode ser adicionado para aumentar o volume e o peso, embora o açúcar de cana seja normalmente utilizado para aumentar a doçura.

Para além disso, alguns métodos desonestos incluem a coloração ou a adição de produtos químicos ao jaggery para lhe dar um melhor aspeto. Estes adulterantes prejudicam a pureza e a qualidade do açúcar de cana, o que pode ter um impacto no seu valor nutricional.

Os clientes devem comprar o açúcar de cana a vendedores respeitáveis e compreender as qualidades do açúcar de cana puro e não adulterado, a fim de garantir a sua autenticidade e segurança.

❖ Diferentes tipos de jagunços adulterados: -

Adulterações no açúcar de cana e no jengaleiro

Foram detectadas as seguintes adulterações em amostras de açúcar de cana.

Bicarbonato de sódio:

Algumas pessoas podem não considerar isto uma adulteração; pode mesmo dizer-se que, em alguns casos, é um requisito do processo.

No entanto, o bicarbonato de sódio é mais frequentemente utilizado na preparação do açúcar de cana para melhorar a sua cor. Não tem qualquer efeito adverso para a saúde.

Isto pode ser avaliado pela cor. As variedades mais escuras têm menos probabilidades de o ter, enquanto as de cor clara têm mais probabilidades.

ZFS (sulfoxilato de zinco e formaldeído):

Este produto químico nocivo é normalmente utilizado na indústria têxtil para melhorar a sua cor. Quanto mais escura for a cor do açúcar doce, melhor será a sua qualidade.

No entanto, a crença comum é que o açúcar de cana mais leve é bom e, por isso, alguns fabricantes adicionam estes produtos químicos nocivos para clarear o açúcar de cana.

Hidrofosfureto de sódio:

Trata-se de um outro produto químico nocivo utilizado no açúcar de cana para lhe dar uma cor mais brilhante.

Carbonato de cálcio (CaCO3):

Esta é adicionada para melhorar a cor, bem como para aumentar o peso, uma vez que a cal é muito mais barata do que o açúcar de cana.

Isto também pode ser avaliado pela cor (deve ser clara), pela dureza (deve ser muito dura) e pelo sabor (se tiver comido jaggery não adulterado, pode detectá-lo).

B. Adulterações em dendém

Adulterações do mel de tamareira Esta variedade de mel de tamareira é normalmente adulterada com o seguinte.

Açúcar de cana Jaggery:

O açúcar de cana é muito mais barato (Rs.10 a 25 por Kg.) do que o açúcar de tamareira (Rs.40 a 100 por Kg.).

Por conseguinte, a razão é óbvia. Pode ser detectada pela dureza (o açúcar de tamareira original não adulterado é muito macio e derrete mesmo à temperatura ambiente, ao passo que o adulterado deve ser muito mais duro) e pelo sabor (falta-lhe o aroma e o sabor típicos do açúcar de tamareira não adulterado).

Por vezes, os blocos de açúcar de cana simples são revestidos com açúcar de tamareira para enganar os clientes. Por conseguinte, antes de comprar, verifique o que está no interior.

Açúcar simples:

Mais uma vez, a razão para esta utilização é a mesma que a anterior; o açúcar é mais barato. Torna o açúcar de cana mais duro.

C. Adulteração do Jaggery de Palmyra

Esta variedade de jaggery é adulterada com o seguinte.

Açúcar:

O açúcar de Palmyra, sendo o mais caro de todos os tipos de açúcar de Palmyra disponíveis na Índia, é mais frequentemente adulterado com açúcar simples.

Este facto pode ser facilmente detectado pela dureza (o teste é o mesmo que o do fabrico de pasta de tamareira adulterada com pasta de cana-de-açúcar). Por vezes, também se podem ver cristais de açúcar incrustados nos blocos de glicerina quando examinados cuidadosamente.

Mais uma vez, o jaggery adulterado com açúcar será muito mais branco do que o não adulterado, que tem uma cor amarela pálida. Por isso, não se esqueça de verificar bem.

Bicarbonato de sódio:

Adiciona-se para dar um aspeto mais branco ao açúcar de cana.

Cor amarela:

Esta cor é frequentemente adicionada quando o açúcar de cana contém demasiado açúcar e tem um aspeto muito branco.

Isto pode ser prejudicial para a saúde, uma vez que não são utilizados corantes comestíveis nestes casos.

CAPÍTULO: - 02

REVISÃO DA LITERATURA

2.1 Segurança alimentar, fraude alimentar e defesa alimentar: Uma literatura em rápida evolução

Autor: - Louise Manning, Jan Mei Soon

Resumo: - O trabalho deste artigo centra-se na natureza plural do crime alimentar intencional, em termos dos tipos de crime e dos diferentes níveis de lucro financeiro. Os modelos bem sucedidos de crime alimentar dependem da forma como o crime foi executado e em que momento, ou mesmo se, a deteção realmente ocorre. O objetivo deste artigo é realizar uma revisão da literatura e criticar as definições frequentemente contraditórias que podem ser encontradas na literatura, a fim de comparar e contrastar as ferramentas de avaliação de risco de crime alimentar existentes e a sua aplicação. As avaliações de risco de segurança alimentar, defesa alimentar e fraude alimentar consideram diferentes critérios para determinar o grau de risco situacional para cada critério e as medidas que precisam de ser implementadas para mitigar esse risco. É necessária mais investigação para apoiar o desenvolvimento de contramedidas globais, que são úteis para reduzir o risco global, mesmo quando os perigos potenciais podem ser em grande parte desconhecidos, e contramedidas específicas que podem atuar contra riscos únicos.

2.2 Análise da qualidade dos alimentos e dos adúlteros alimentares de diferentes mercearias departamentais e locais através da análise qualitativa da segurança alimentar

Autores: - Shruti Awasthi, Kirti Jain, Anwesha Das, Raza Alam, Ganesh Surti, Kishan N.

Resumo: - A alimentação é uma das necessidades básicas de todos os seres vivos e um aspeto muito importante da vida. Mas hoje em dia os alimentos são afectados por diferentes adulterantes. A adulteração é uma substância que reduz a importância vital dos alimentos. Alguns dos adulterantes comuns são óleos minerais, óleos de argemona, óleos de rícino em óleos comestíveis; vanaspati, puré de batata em ghee; açúcar invertido ou jaggery em mel, Kesari dal, cromato de chumbo em leguminosas, etc., que podem levar a hidropisia epidémica, glaucoma, paragem cardíaca, paratirismo (paraplegia espástica incapacitante), anemia, aborto, paralisia, danos cerebrais, cancro, etc. O objetivo é avaliar a presença de adulterantes em materiais alimentares de uso diário, como leite, manteiga, óleo comestível, mel, leguminosas, farinha de trigo, pimenta preta, malagueta em pó, café em pó, que recolhemos em diferentes armazéns e mercearias locais e verificámos a presença de adulterantes individuais através de análises bioquímicas qualitativas. A mudança de cor da amostra indica que, de acordo com os reagentes, a presença de diferentes adulterantes. Esta informação pode ajudar a aumentar a segurança alimentar e também as pessoas podem estar conscientes das marcas de alimentos para uma vida saudável.

2.3 Qualidade e adulteração de especiarias étnicas e ingredientes alimentares no mercado local

Autor: - Sayali Harke, A. R. Pawar, Dr. Yojna Y. **Patil**

Resumo: - A qualidade dos alimentos depende da natureza dos ingredientes utilizados na sua preparação. Se o ingrediente se mantiver na sua melhor forma, sem qualquer adulteração, só então poderemos obter alimentos de qualidade pura. Este estudo teve como objetivo detetar a qualidade e os adulterantes em ingredientes alimentares e especiarias habitualmente utilizados nos mercados locais da cidade indiana de Kolhapur, que são normalmente utilizados na preparação de alimentos étnicos locais. Foram efectuados alguns testes da Autoridade de Segurança Alimentar e Normas da Índia (Food Safety and Standards Authority of India) para verificar adulterantes como impurezas insolúveis, pó de giz, soda, sais de chumbo vermelho, pó de tijolo e corantes artificiais nos ingredientes alimentares. Foram analisadas amostras de açúcar, amostras de malagueta em pó, amostras de jaggery, amostras de curcuma em pó, amostras de sal comum, amostras de pimenta preta, amostras de ghee ou manteiga, amostras de dal, amostras de farinha de trigo, amostras de mel, amostras de canela e amostras de café em pó. A maioria dos ingredientes alimentares locais é de boa qualidade.

2.4 Um estudo preliminar e uma análise de componentes principais para a autenticação do pote de palmeira Palmyrah utilizando a espetroscopia NIR

Autor: - Selvaratnam Balaranjan, Kugamoorthy Velauthamurty, Ganeshalingam Sashikesh

Resumo: - O açúcar de Palmyrah é utilizado como um adoçante tradicional popular na península de Jaffna, no Sri Lanka. Trata-se de um açúcar bruto rico em nutrientes que também é utilizado na medicina tradicional. A autenticidade do produto nos mercados é questionável, uma vez que não existem métodos analíticos para detetar adulterações. Neste estudo, a espetroscopia NIR com análise de componentes principais é utilizada para a autenticação do jaggery e a identificação do adulterante. A glucose foi produzida em laboratório pura e adulterada com açúcar e farelo de arroz em diferentes concentrações. Foram preparadas soluções aquosas destas amostras e utilizadas para obter espectros NIR. A análise de componentes principais dos espectros foi considerada útil para a identificação das adulterações e para a autenticação do jaggery.

2.5 Agora, os responsáveis pela segurança alimentar alertam para a adulteração do açúcar de cana

Autor: - Dr. M Somasundaram

Resumo: - Madurai: A glucose, que é considerada uma alternativa mais saudável ao açúcar, pode não ser segura se a sua qualidade for má, uma vez que muitas pessoas estão a mudar para a glucose devido aos seus benefícios para a saúde. Os funcionários responsáveis pela segurança alimentar do distrito exortaram as pessoas a desconfiarem do jaggery de cor amarela dourada, kesari ou outras cores vivas, uma vez que pode estar adulterado com açúcar e substâncias químicas. Os comerciantes escolheram variedades de jaggery de baixa qualidade para aumentar os lucros e atrair clientes, disseram os funcionários. O responsável distrital pela segurança alimentar, Dr. M Somasundaram, afirmou que os comerciantes são responsáveis pela venda de jaggery de qualidade inferior. Apesar de os agricultores fabricarem a "jaggery" colocando uma unidade nos seus campos de cana-de-açúcar, são os comerciantes que fornecem as especificações sobre a forma como a "Jaggery" deve ser preparada. Também pagam antecipadamente para obterem os produtos de acordo com as normas desejadas", afirmou. "O Jaggery é fabricado através da fervura do sumo extraído da cana-de-açúcar. É uma fonte de minerais essenciais como o ferro, o zinco e o crómio. A adulteração da jaggery com açúcar, corantes artificiais e excesso de produtos químicos para branqueamento não só lhe retira as boas qualidades, como também constitui um perigo para a saúde", afirmaram os responsáveis pela segurança alimentar. "A jaggery é vendida em várias cores, do amarelo dourado ao kesari. O autêntico Jaggery é de cor escura. Os comerciantes armazenam jaggery de qualidade inferior porque não conseguem obter muito lucro vendendo jaggery autêntico, que custa mais caro", disse o Dr. Somasundaram. Os funcionários do sector da saúde afirmaram que os produtos químicos utilizados para branquear a jaggery são prejudiciais para a saúde, mas estão disponíveis nas lojas excedentárias de Madurai e são vendidos abertamente. "Iremos atacar as lojas que vendem Jaggery adulterado", disse um funcionário da segurança alimentar. Outro responsável pela segurança alimentar acrescentou: "Os comerciantes culpam frequentemente os agricultores pelas más unidades de fabrico e pela produção de Jaggery de qualidade inferior. Mas, na realidade, são os comerciantes que incentivam os agricultores a produzirem jagunços de qualidade inferior". Os funcionários responsáveis pela segurança alimentar afirmam que os comerciantes estão agora a tentar legalizar a jaggery adulterada, contactando a autoridade indiana responsável pela segurança alimentar e pelas normas para incluir a jaggery adicionada de açúcar como um produto distinto

CAPÍTULO: 03

OBJECTIVO E ÂMBITO DE APLICAÇÃO

3.1: - OBJECTIVO

Adulteração de Jaggery: Analisar a fraude alimentar e os contaminantes

3.2: - ÂMBITO DE APLICAÇÃO

Esta investigação ajudará nos casos criminais em que a química forense alimentar é uma das partes de um ramo emergente da química forense que vem em socorro quando os alimentos estão contaminados ou adulterados. Ajuda a verificar a segurança e a qualidade dos alimentos, entre outros.

CAPÍTULO: - 04

RECOLHA E PREPARAÇÃO DE AMOSTRAS

4.1: - Material necessário:-

- Amostra de jargão
- Saco de plástico Ziplock
- Tubo de ensaio
- Suporte para tubos de ensaio
- Varão de vidro
- Espátula
- Ácido clorídrico concentrado
- Ácido muriático concentrado
- Álcool
- Água destilada

4.2: - Recolha de amostras: -

Quinze amostras de Jaggery foram recolhidas em diferentes cidades e locais e também em diferentes áreas.

Esta é uma amostra examinada no exame preliminar ao teste químico.

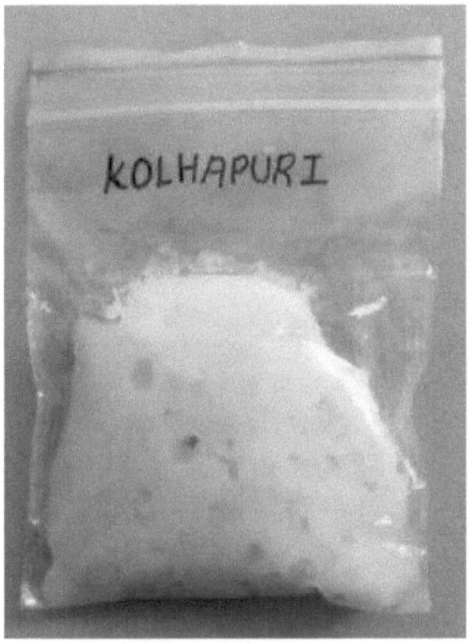

Figura 4.1 Amostra de jaggery Delex Figura 4.2 Amostra de jaggery Kolhapuri

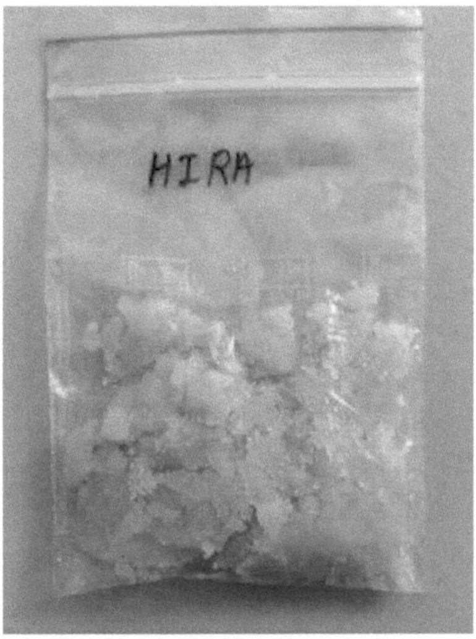

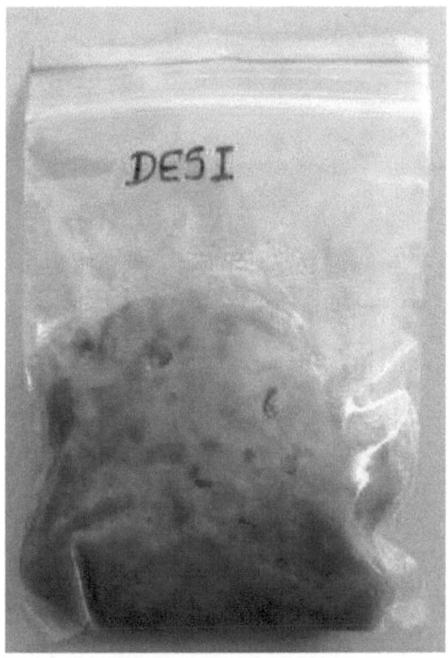

Figura 4.3 Amostra de Hire kolhapuri Jaggery Figura 4.4 Amostra de Desi jaggery

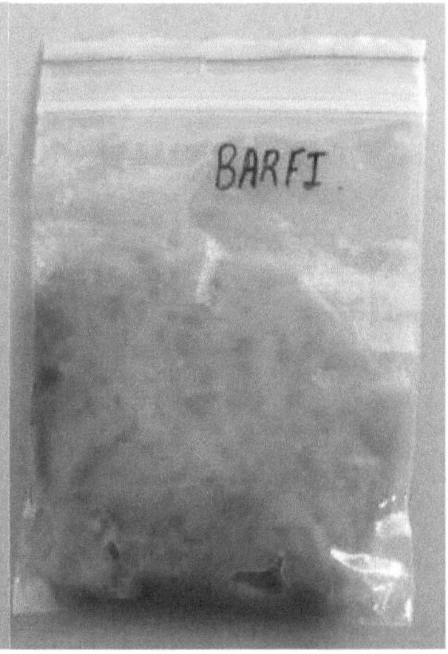

Figura 4 .5 Amostra de jargão Alankar Figura 4.6 Amostra de jargão Barfi

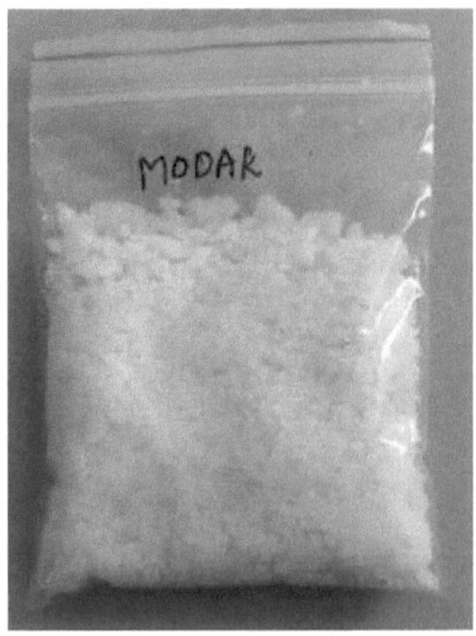

Figura 4.7 Amostra de jagunço de coco Figura 4.8 Amostra de jagunço Modak

Figura 4.9 Amostra de Pro Nature Jaggery orgânico

Figura 4.10 Amostra de Organic Jaggery

Figura 4.11 Amostra de Morcha Jaggery

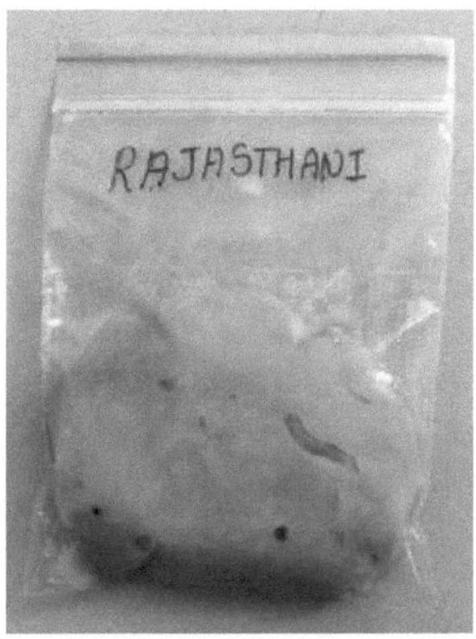

Figura 4.12 Amostra de Rajasthani Jaggery

Figura 4.13 Amostra de ouro Rasmalai Figura 4.14 Amostra de jargão Shreeji

Jaggery de primeira qualidade

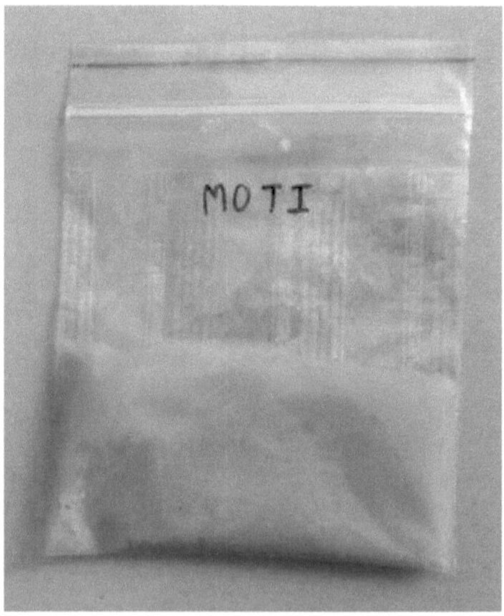

Figura 4.15 Amostra de Moti Jaggery

CAPÍTULO: - 05

METODOLOGIA

METODOLOGIA

Aqui foram utilizados três testes químicos preliminares,

1. Para testar a cor amarela metanil do Jaggery;
2. Para testar a presença de bicarbonato de sódio ou de detergente em pó no açúcar de cana;
3. Para testar a presença de pó de giz no açúcar de cana;

5.1 Para testar a cor amarela metanial do açúcar de cana: -

- Colocar $1/4^{th}$ parte de uma colher de chá de açúcar de cana num tubo de ensaio.
- Adicionar 3 ml de álcool e agitar vigorosamente o tubo de ensaio para misturar o conteúdo.
- Deitar 10 gotas de ácido clorídrico.
- Uma coloração cor-de-rosa indica a presença de cor amarela metanil no açúcar de cana.

5.2 Para testar o bicarbonato de sódio ou o detergente em pó no açúcar de cana: -

- Medir $1/4^{th}$ colher de chá de açúcar de cana triturado no tubo de ensaio ou no recipiente de vidro.
- Calçar as luvas de borracha e medir 1/2 colher de sopa de ácido muriático ou ácido clorídrico no recipiente.
- Verificar se há sinais de efervescência (bolhas) na mistura.
- A efervescência indica uma adulteração com bicarbonato de sódio ou com detergente em pó, o que significa que o açúcar de cana não é puro.

5.3 Para testar o pó de giz no açúcar de cana: -

- Dissolver uma pequena quantidade de amostra em água num tubo de ensaio, o pó de giz assenta.

OU

- Adicionar algumas gotas de solução conc. de HCL, a efervescência indica a presença de adulterantes.

O número de amostra do açúcar de cana específico é o seguinte

N.º Sr.	Nome do Jaggery	Número da amostra
1.	DELEX JAGGERY	AMOSTRA - 1
2.	AÇÚCAR DE CANA KOLHAPURI	AMOSTRA - 2
3.	HIRA KOLHAPURI JAGGERY	AMOSTRA - 3
4.	DESI JAGGERY	AMOSTRA - 4
5.	AÇÚCAR DE CANA DE ALANKAR	AMOSTRA - 5
6.	JAGGERY BARFI	AMOSTRA - 6
7.	AÇÚCAR DE COCO	AMOSTRA - 7
8.	JAGGERY MODAK	AMOSTRA - 8
9.	PRO NATURE BIOLÓGICO JAGGERY	AMOSTRA - 9
10.	AÇÚCAR MASCAVADO	AMOSTRA - 10
11.	AÇÚCAR DE CANA BIOLÓGICO	AMOSTRA - 11
12.	AÇÚCAR DE CANA DO RAJASTÃO	AMOSTRA - 12
13.	RASMALAI GOLD PREMIUM JAGGERY	AMOSTRA - 13
14.	AÇÚCAR DE CANA SHREEJI	AMOSTRA - 14
15.	JAGARIAS MOTI	AMOSTRA - 15

Quadro 3 Número de amostras para uma marca específica de açúcar mascavado

CAPÍTULO:- 06

OBSERVAÇÃO

6.1: - Observação: -

Aqui três testes químicos de observação.

1. Observação do teste de coloração do amarelo de metanil

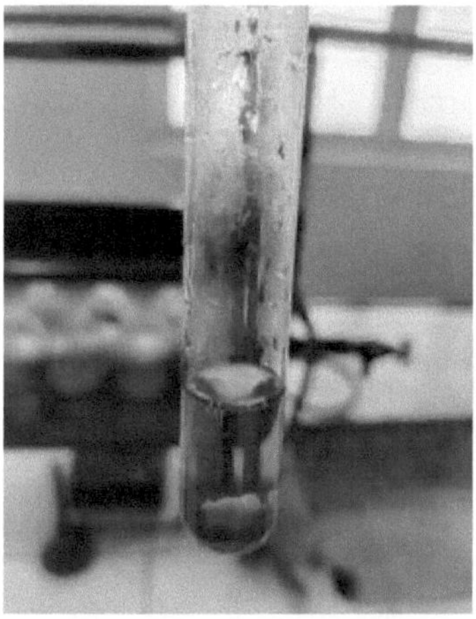

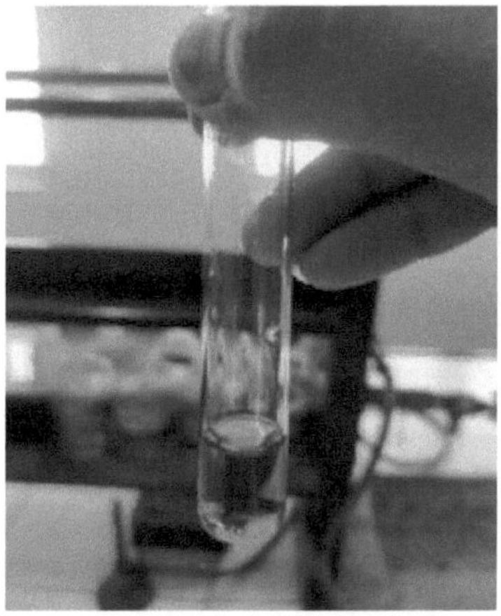

Fig:-6.1 Observação da amostra 1 Fig :-6.2 Observação da amostra 2

Fig :-6.3 Observação da amostra 3 Fig:-6.4 Observação da amostra 4

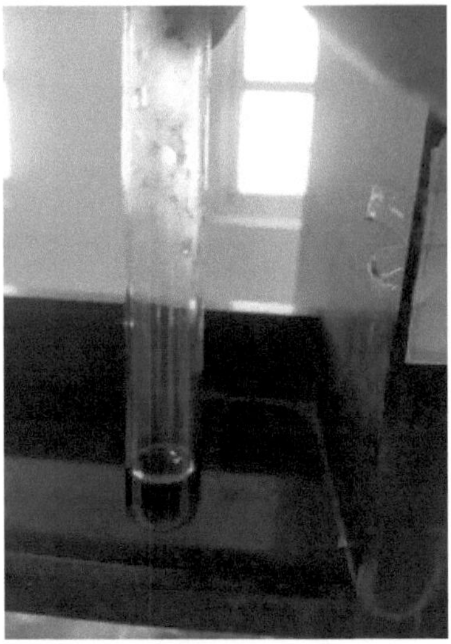

Fig :-6.5 Observação da amostra 5 Fig :-6.6 Observação da amostra 6

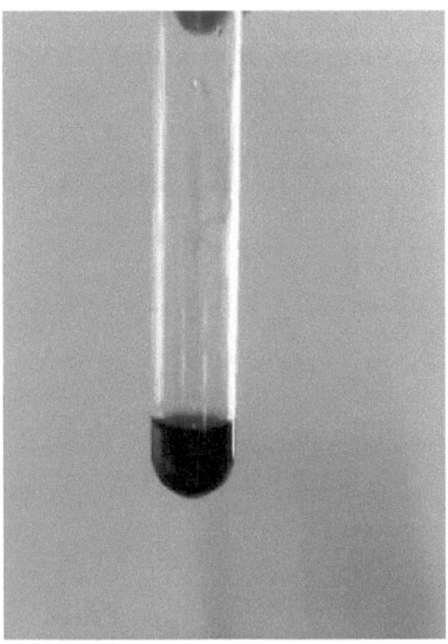

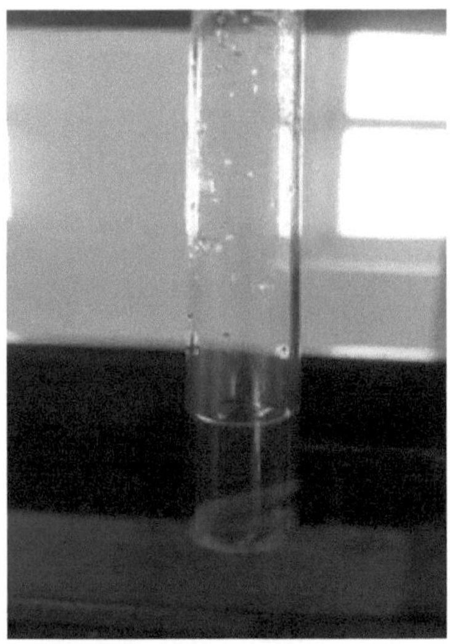

Fig :-6.7 Observação da amostra 7 Fig :-6.8 Observação da amostra 8

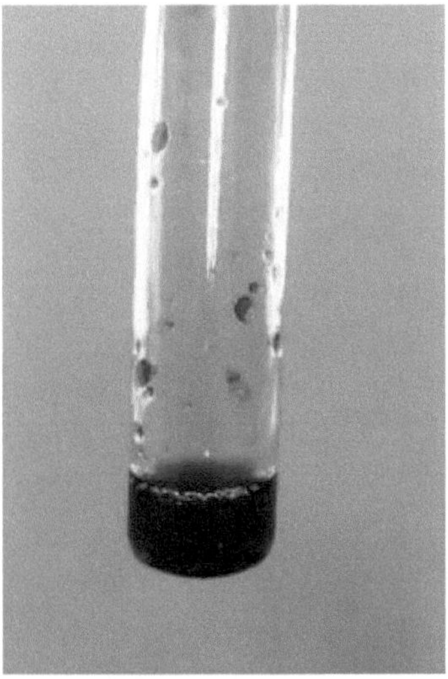

Fig :-6.9 Observação da amostra 9 Fig :-6.10 Observação da amostra 10

Fig:-6.11 Observação da amostra 11 Fig :-6.12 Observação da amostra 12

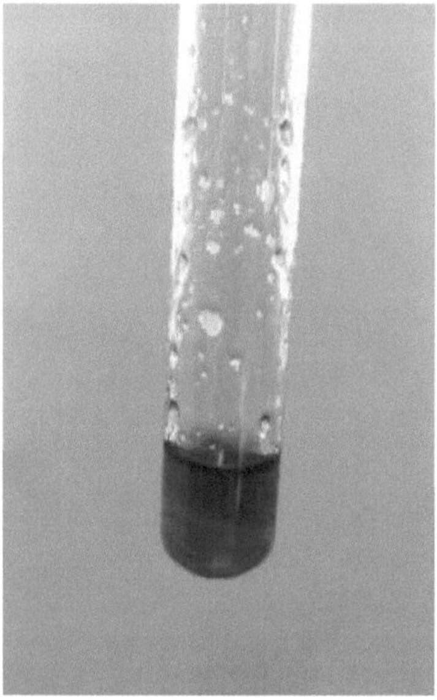

Fig :-6.13 Observação da amostra 13 Fig :-6.14 Observação da amostra 14

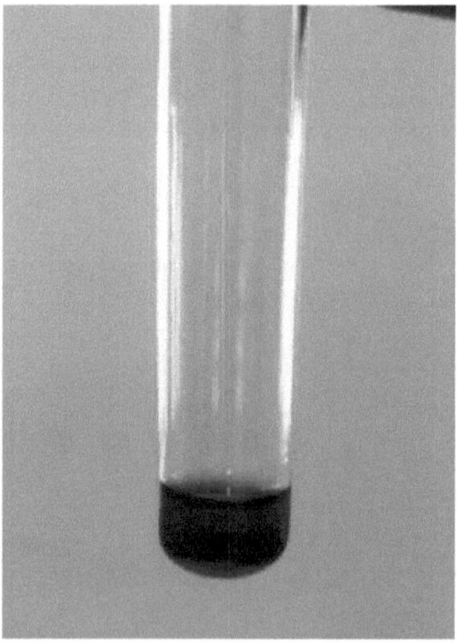

Fig :-6.15 Observação Amostra 15

2. Observação do teste do bicarbonato de sódio ou do detergente em pó :-

Fig:- 6.16 Observação da amostra 1 Fig:- 6.17 Observação da amostra 2

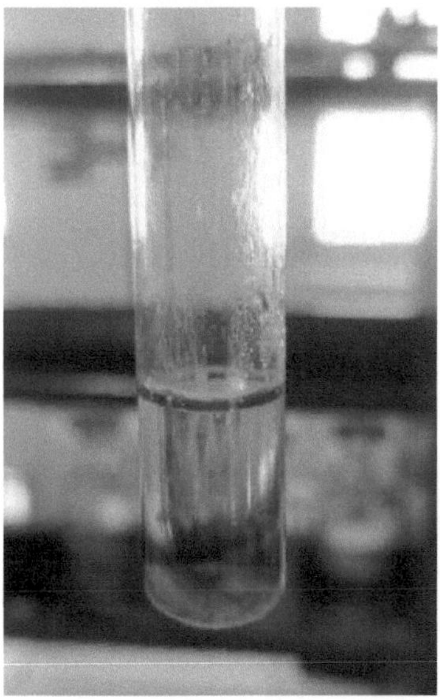

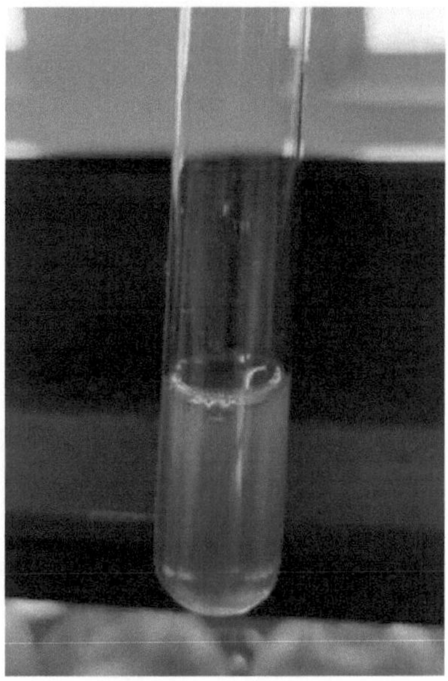

Fig :- 6.18 Observação da amostra 3 Fig :- 6.19 Observação da amostra 4

Fig :-6.20 Observação da amostra 5 Fig :- 6.21 Observação da amostra 6

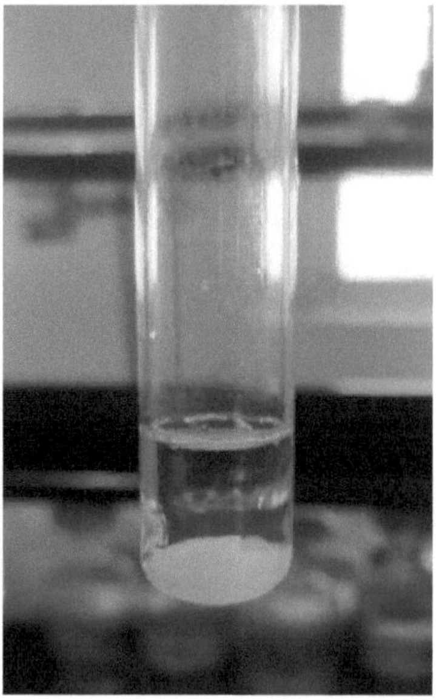

Fig :- 6. 22 Observação da amostra 7 Fig :- 6. 23 Observação da amostra 8

Fig :- 6.24 Observação da amostra 9 Fig :- 6.25 Observação da amostra 10

Fig:- 6.26 Observação da amostra 11 Fig :-6.27 Observação da amostra 12

Fig :- 6.28 Observação da amostra 13 Fig :-6.29 Observação da amostra 14

Fig. 6.30 Observação Amostra 15

3. teste do giz :-

Fig:- 6.31 Observação da amostra 1 Fig :- 6.32 Observação da amostra 2

Fig :- 6.33 Observação da amostra 3 Fig :- 6.34 Observação da amostra 4

Fig :- 6.35 Observação da amostra 5 Fig :- 6.36 Observação da amostra 6

Fig :- 6.37 Observação da amostra 7 Fig :- 6.38 Observação da amostra 8

Fig :- 6.39 Observação da amostra 9 Fig :- 6.40 Observação da amostra 10

Fig :- 6.41 Observação da amostra 11 Fig 6.42 Observação da amostra 12

Fig :- 6.43 Observação da amostra 13 Fig:- 6.44 Observação da amostra 14

Fig:- 6.45 Observação Amostra 15

CAPÍTULO: -07

RESULTADOS E CONCLUSÕES

7.1.1 Resultado do ensaio de coloração do amarelo de metanil: -

N.º Sr.	Nome do Jaggery	Número de amostras	Mudar de cor
1.	DELEX JAGGERY	Amostra 1	Coloração cor-de-rosa
2.	KOLHAPURI JAGGERY	Amostra 2	Coloração laranja
3.	HIRA KOLHAPURI JAGGRY	Amostra 3	Coloração cor-de-rosa
4.	DESI JAGGERY	Amostra 4	Coloração cor-de-rosa
5.	AÇÚCAR DE CANA DE ALANKAR	Amostra 5	Coloração cor-de-rosa
6.	JAGGERY BARFI	Amostra 6	Coloração cor-de-rosa
7.	AÇÚCAR DE COCO	Amostra 7	Coloração cor-de-rosa
8.	JAGGERY MODAK	Amostra 8	Coloração cor-de-rosa
9.	AÇÚCAR DE CANA BIOLÓGICO PRO NATURE	Amostra 9	Coloração cor-de-rosa
10.	MOR CHAP JAGGERY	Amostra 10	Coloração laranja
11.	AÇÚCAR DE CANA BIOLÓGICO	Amostra 11	Coloração laranja escura
12.	AÇÚCAR DE CANA DO RAJASTÃO	Amostra 12	Coloração rosa escuro
13.		Amostra 13	Coloração laranja escura

	RASMALAI GOLD PREMIUM JAGGERY		
14.	AÇÚCAR DE CANA SHREEJI	Amostra 14	Coloração cor-de-rosa
15.	JAGARIAS MOTI	Amostra 15	Coloração cor-de-rosa

Quadro 4 Resultados do ensaio de coloração do amarelo de metanil

Neste teste, a cor cor-de-rosa indica a presença de adulteração no açúcar doce.

7.1.2 Resultado do ensaio com bicarbonato de sódio e soda: -

N.º Sr.	**Nome do Jaggery**	**Número da amostra**	**Efervescência (bolhas)**
1.	DELEX JAGGERY	Amostra 1	**Presente**
2.	KOLHAPURI JAGGERY	Amostra 2	**Ausente**
3.	HIRA KOLHAPURI JAGGRY	Amostra 3	**Presente**
4.	DESI JAGGERY	Amostra 4	**Ausente**
5.	AÇÚCAR DE CANA DE ALANKAR	Amostra 5	**Presente**
6.	JAGGERY BARFI	Amostra 6	**Ausente**
7.	AÇÚCAR DE COCO	Amostra 7	**Ausente**
8.	JAGGERY MODAK	Amostra 8	**Presente**
9.	AÇÚCAR DE CANA BIOLÓGICO PRO NATURE	Amostra 9	**Presente**
10.	MOR CHAP JAGGERY	Amostra 10	**Presente**
11.	AÇÚCAR DE CANA BIOLÓGICO	Amostra 11	**Presente**

12.	AÇÚCAR DE CANA DO RAJASTÃO	Amostra 12	**Ausente**
13.	RASMALAI GOLD PREMIUM JAGGERY	Amostra 13	**Presente**
14.	AÇÚCAR DE CANA SHREEJI	Amostra 14	**Presente**
15.	JAGARIAS MOTI	Amostra 15	**Presente**

Tabela 5 Resultado do ensaio com bicarbonato de sódio e soda

O bicarbonato de sódio reage com o ácido para libertar dióxido de carbono, que é a reação subjacente à formação de bolhas.

7.1.3 Resultado do ensaio com giz: -

N.º Sr.	Nome do Jaggery	Número da amostra	Efervescência (bolhas)
1.	DELEX JAGGERY	Amostra 1	Impureza
2.	KOLHAPURI JAGGERY	Amostra 2	Impureza
3.	HIRA KOLHAPURI JAGGRY	Amostra 3	Impureza
4.	DESI JAGGERY	Amostra 4	Impureza
5.	AÇÚCAR DE CANA DE ALANKAR	Amostra 5	Pureza
6.	JAGGERY BARFI	Amostra 6	Impureza
7.	AÇÚCAR DE COCO	Amostra 7	Pureza
8.	JAGGERY MODAK	Amostra 8	Impureza
9.	AÇÚCAR DE CANA BIOLÓGICO PRO NATURE	Amostra 9	Pureza

10.	MOR CHAP JAGGERY	Amostra 10	Pureza
11.	AÇÚCAR DE CANA BIOLÓGICO	Amostra 11	Impureza
12.	AÇÚCAR DE CANA DO RAJASTÃO	Amostra 12	Impureza
13.	RASMALAI GOLD PREMIUM JAGGERY	Amostra 13	Impureza
14.	AÇÚCAR DE CANA SHREEJI	Amostra 14	Impureza
15.	JAGARIAS MOTI	Amostra 15	Impureza

Quadro 6 Resultado do ensaio com giz

Quando a efervescência indica a presença de adulterantes.

7.2. Conclusão: -

Todas as amostras de açúcar doce analisadas em pormenor foram consideradas como tendo sido objeto de testes preliminares que podem dar uma ideia da adulteração do açúcar doce.

O açúcar-de-leite Delex, o açúcar-de-leite Hira Kolhapuri, o açúcar-de-leite Modak, o açúcar-de-leite Shreeji e o açúcar-de-leite Moti são adulterados com amarelo de metanil, bicarbonato de sódio e soda, bem como com pó de giz adulterado.

O Alankar Jaggery e o Pro nature jaggery são adulterados com amarelo de metanil e bicarbonato de sódio e soda de lavagem.

E algumas outras amostras de açúcar doce são o açúcar doce Desi, o açúcar doce Barfi e o açúcar doce Rajasthani, que também são adulterantes no teste do amarelo metanil e do pó de giz.

Rasmalai gold premium jaggery, Organic jaggery são adulterantes bicarbonato de sódio e soda de lavagem e teste de giz.

O açúcar de coco é o único adulterante amarelo metanil.

Mor chap jaggery é adulterante é apenas bicarbonato de sódio e soda de lavagem.

O adulterante de Kolhapuri jaggery é apenas o teste do pó de giz.

CAPÍTULO: - 08

SIGNIFICADO FORENSE

SIGNIFICADO FORENSE: -

Identificar uma adulteração alimentar com a ajuda de uma adulteração preliminar na ciência forense alimentar.

Especialmente nos casos em que a autenticidade de um produto é crucial, ou quando existem preocupações sobre a saúde e segurança públicas.

A análise forense em tais casos envolve o exame de amostras de açúcar doce para determinar se foram adulteradas.

A importância forense da adulteração do açúcar de cana reside na proteção dos direitos dos consumidores, na garantia da saúde pública, na manutenção da conformidade regulamentar e no apoio a investigações criminais.

Os métodos analíticos desempenham um papel crucial na identificação de adulterantes e na determinação da autenticidade e segurança dos produtos de jaggery.

BIBLIOGRAFIA

https://en.wikipedia.org/wiki/Forensic_science
https://www.futurelearn.com/info/blog/exploring-food-and-nutrition-why-is-food-important

https://www.fao.org/3/cb2863en/cb2863en.pdf

https://www.labmate-online.com/news/mass-spectrometry-and-spectroscopy/41/breaking-news/4-types-of-food-fraud/58326

https://www.annualreviews.org/doi/full/10.1146/annurev-resource-101422-013027#:~:text=DNA%20barcoding%20has%20been%20instrumental,in%20their%20sample%20were%20mislabeled

https://www.technologynetworks.com/applied-sciences/articles/new-analysis-tools-for-detecting-food-fraud-377818

https://vikaspedia.in/health/health-campaigns/beware-of-adulteration/adulteration

https://www.ncbi.nlm.nih.gov/pmc/articles/PMC9818512/

https://www.geeksforgeeks.org/food-adulteration/

https://infinitylearn.com/surge/biology/food-adulteration

https://www.godigit.com/health-insurance/nutrition/food-adulteration

https://www.homesciencejournal.com/archives/2022/vol8issue2/PartC/8-1-77-862.pdf

https://www.shutterstock.com/search/adulteration?image_type=illustration

https://www.ncbi.nlm.nih.gov/pmc/articles/PMC9818512/#:~:text=Adulterated%20food%20products%20are%20responsible,upon%20consumption%20of%20adulterated%20food.

https://ugcmoocs.inflibnet.ac.in/assets/uploads/1/123/4257/et/30%20script-Food%20adulteration%20and%20its%20detection200302050503032828.pdf

https://pib.gov.in/PressReleasePage.aspx?PRID=1945166

https://ssrana.in/corporate-laws/food-laws/

https://ssrana.in/corporate-laws/food-laws/food-safety-standard-authority-india-fssai/

https://www.annualreviews.org/doi/full/10.1146/annurev-resource-101422-013027

https://www.ncbi.nlm.nih.gov/pmc/articles/PMC10724644/

https://pubs.rsc.org/en/content/articlelanding/2023/fb/d2fb00032f

https://www.healthline.com/nutrition/jaggery

https://www.ncbi.nlm.nih.gov/pmc/articles/PMC8314846/

https://www.ruraltreasures.com/blogs/news/4-easy-ways-to-tell-if-your-jaggery-gur-is-pure

https://www.researchgate.net/publication/274383293_FOOD_ADULTRATION

https://pharmeasy.in/blog/ayurveda-uses-benefits-side-effects-of-jaggery/

https://www.researchgate.net/publication/339598102_An_overview_of_food_adulteration_Concept_sources_impact_challenges_and_detection

https://www.quora.com/What-are-the-health-benefits-of-palm-jaggery

https://forest.kerala.gov.in/index.php/vanasree/marayoor-jaggery

https://ayurpub.com/wp-content/uploads/2016/08/275-281.pdf

https://juniperpublishers.com/jfsci/JFSCI.MS.ID.555791.php

https://juniperpublishers.com/jfsci/pdf/JFSCI.MS.ID.555791.pdf

MIX
Papier aus verantwortungsvollen Quellen
Paper from responsible sources
FSC® C105338

Printed by Books on Demand GmbH, Norderstedt / Germany